桜鱒はなぜ「ヤマメとサクラマス」になったのか

釣り人が知りたい
謎を解き明かす

棟方 有宗
Munakata Arimune

つり人社

目次

第1章　回遊行動のメカニズム

Chapter

第2章　回遊行動の生態

第3章　回遊行動の進化

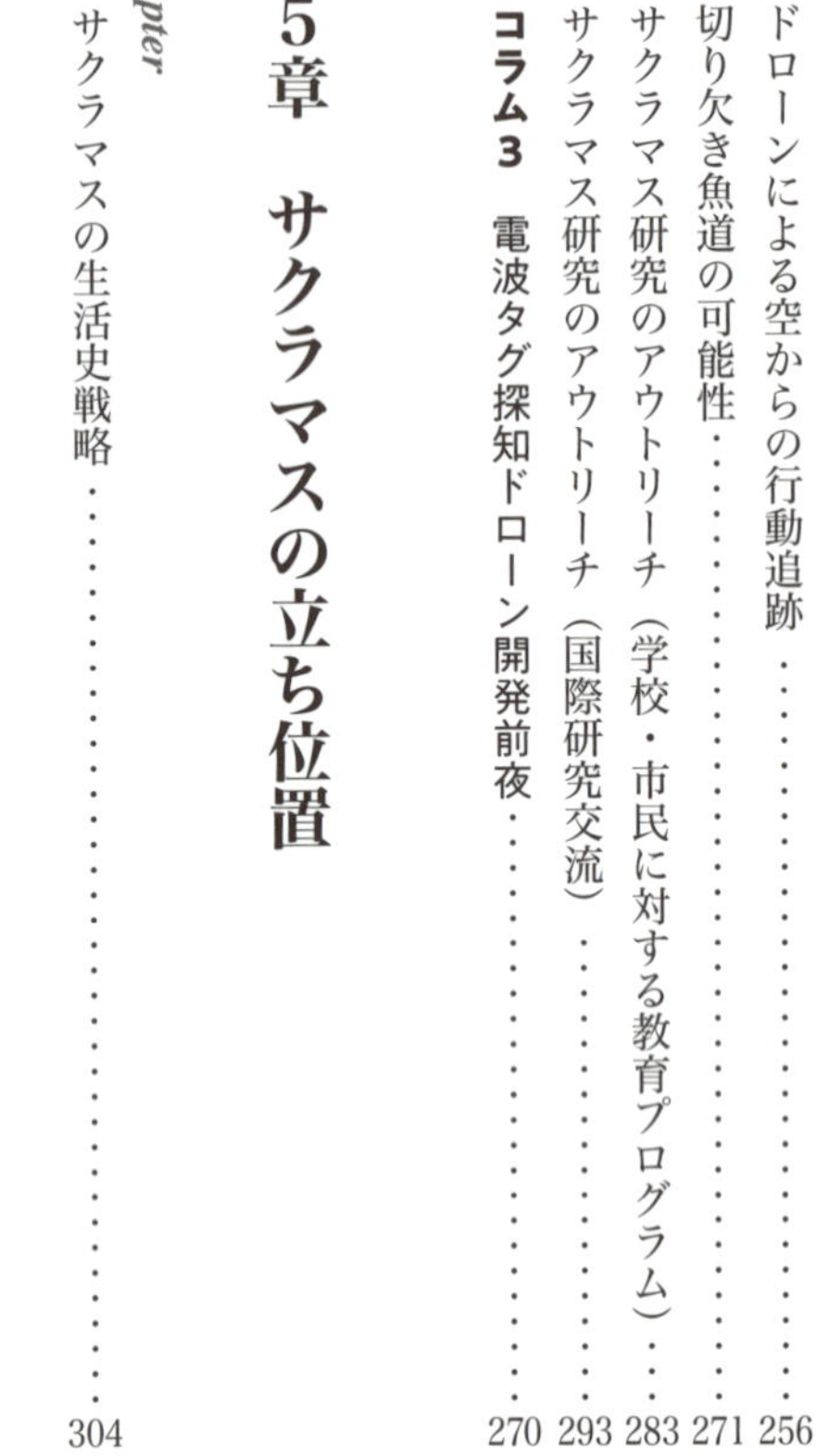

第4章　アウトリーチ

第5章　サクラマスの立ち位置

本文イラスト　廣田雅之
装丁　神谷利男デザイン株式会社

まえがき

本書は、２０１７年から２０２０年にかけて、生物研究社の雑誌『海洋と生物』において、「サクラマス　その生涯と生活史戦略」として足かけ4年間、計21回にわたって連載された文章を単行本としてまとめたものである。この雑誌は、サケ科魚類をはじめ、魚類や海藻、プランクトン、さらにはオットセイやヤドカリなどの水生生物を研究目線で扱う、いわゆる専門雑誌にあたる。

この連載で著者は、ビワマス、サツキマス、サクラマス、サラマオマスからなる、いわゆるサクラマス群の回遊の生態や生理、回遊の進化、さらには近年の研究のトレンドや研究のアウトリーチ（市民への情報発信や啓発活動）について、専門の見地から解説を行なった。そしてこれらの原稿をまとめ、釣り人にも興味を持っていただけるようにと一部の内容を書き足したのが本書ということになる。

本書の中で大きな軸の1つになっているのが、サクラマス群がどのようにして川から海への回遊行動を進化させてきたのかということと、北太平洋で大回遊を行なうシロサケやカラフトマスなどの太平洋サケが進化を遂げるうえで、サクラマスがいかに重要な存在だったかを、科学の視点からつまびらかにすることである。

一方、サクラマスやヤマメといったトラウトは、本書を手に取ってくださる多くの釣り人にとっては常に頭の片隅にいる、人生の一部のような存在であり、将来にわたって大切に守り育てたい川のシンボルのような生物ではないだろうか。私自身は、そう感じている。しかし、ひとたび川に目を向けると、サクラマスが生息する流域には今も未曽有のインパクトが与え続けられており、サクラマスの資源や生息環境は決して充分に守られているとはいえない状態にあるのは周知のとおりである。

では、どのようにしたらサクラマスが生息する環境が将来にわたって保全され、彼らの生息環境は安定するのだろうか。これについては、釣り人のサイドからも多くの有益な意見が出されているが、実際には必ずしも根本的な問題の解決に結び付いていないのがこれまでの状況だったと思われる。こうした課題（難題）に対して、科学の側面から何らかの突入口となるアイデアを案出することも本書の大きなねらいの1つにしたいと思い、原稿を書いたつもりである。

目次を見ていただくとわかるように、本書の後半ではサクラマスの保全のための魚道の整備や、サクラマスと教育との関係性、国際的な研究協力についても紹介している。これらの話題は従来の釣り関連の本ではあまり取り上げられることがなく、釣りのターゲットとしてのサクラマス（ヤマメ）の話題からはやや離れた内容に感じられることと思う。しかし、サクラマスやヤマメが依然として危機的状況に置かれている今、多くの方とこうした活動についても情報を共有し、研究者と釣り人が共通の視点に立って今後のサクラマスの資源保護活動がさらに広がることを祈念して、本書でもそのまま取り上げていただくことにした。

本書を出版するにあたり、初出となる『海洋と生物』の連載執筆時に編集作業でお世話になった竹中毅氏にこの場を借りてお礼申し上げます。また本原稿の単行本化に際して終始、暖かいご助言と的確なサポートを頂いた、小野弘氏をはじめとするつり人社の諸氏にこの場をお借りして深謝申し上げます。

第1章 回遊行動のメカニズム

Chapter 1 *Classification, distribution, and migration*

サクラマスの分類、分布、回遊生活

本書ではこれから、サクラマス（*Oncorhynchus masou masou*）、あるいはヤマメ（サクラマスの河川残留型）と呼ばれるサケ科魚類の一種がどのようにして川から海への回遊や、川への残留といった多様な生涯を送るのかについて、生態学や行動生理学などの科学の観点から眺めていく。まずは、そのための基礎情報としてサクラマスの分類上の位置や分布域、回遊パターン、外見などの形質とそれらの可変性について概観する。

1 サクラマスの分類

サクラマス（標準和名）は、漢字で表すと桜鱒となる。これは、川から海へと回遊した親魚の多くが桜の花が咲く春頃に自分が生まれた川（母川）に遡上するためといわれている[1)]。なお、一説ではこの呼び名は比較的近年になってからつけられたとされている。

一方、サクラマスが海に降りずに河川残留型となった個体は、同じ種でありながらヤマメ（山女魚）と呼ばれる[1)]。サクラマスとヤマメは外見がかけ離れているため、かつては両者が別々の魚と見なされ（たとえばマスとヤマメのように）２つの呼び名がつけられたとの説もある。これらの経緯を受け、本書では基本的には標準和名であるサクラマスを中心に用い、サクラマスの河川残留型をヤマメと呼ぶことにしたい。

サクラマスは、分類学的にはサケ目サケ科サケ亜科のサケ（タイヘイヨウサケ）属（以下、本書では太平洋サケ属と記載する）に属している（図1）[1-3]。サケ亜科【*Salmoninae*〈サルモニナエ〉以下、便宜的にサケ科魚類と記す】には、コクチマス属【*Brachymystax*〈ブラキミスタクス〉、レノックなど】、ニシイトウ属【*Hucho*〈フーチョ〉】、イトウ属【*Parahucho*〈パラフーチョ〉】（以下、本書ではニシイトウ属〈主にシベリアなどの大陸側に分布しタイメンとも呼ばれる〉とイトウ属〈主に北海道に分布するイトウ〉をまとめてイトウ属として標記する）、イワナ属【*Salvelinus*〈サルベリヌス〉】、タイセイヨウサケ属【*Salmo*〈サルモ〉】（以下、大西洋サケ属と記載する）、および太平洋サケ属【*Oncorhynchus*〈オンコリンカス〉】の6属が知られている。これらのうち、一般にわが国のアングラーから広くトラウト、またはサーモンとして見なされているイトウ属、イワナ属、大西洋サケ属、太平洋サケの4属は、ここに列記した順に進化が進んできたと考えられている[1,2]（図1）。

次に、これら4属の現生種の分布域について見てみると（図2）、進化的に最も古いイトウ属がユーラシア大陸の北東部や北海道の一部などに生息しており、次いで分化したと考えられるイワナ属が北極域を取り囲むように北半球の高〜中緯度域に広く分布している。日本のイワナは、最も南方に生息する個体群の1つであることが分かる[3]。大西洋サ

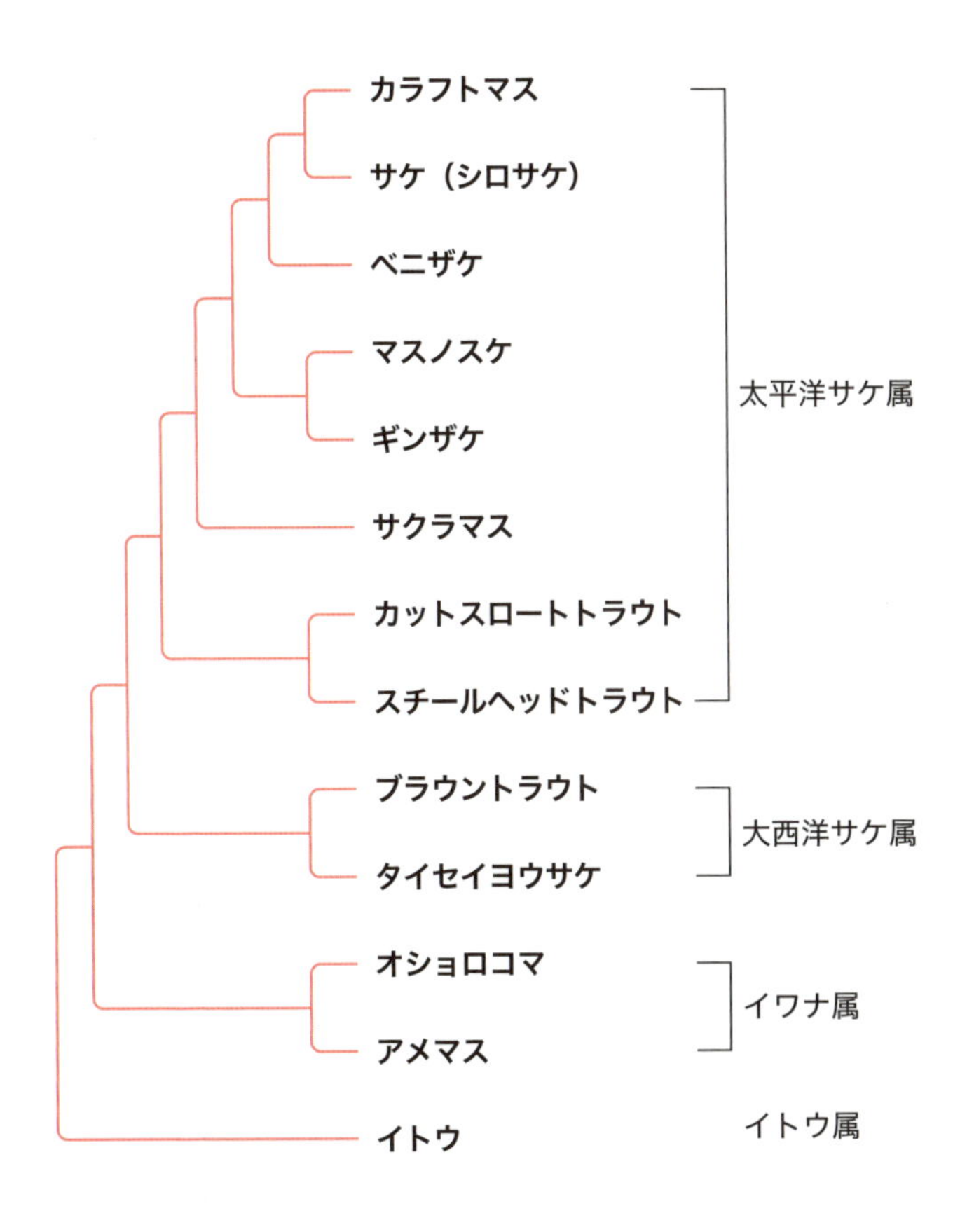

図1　イトウ属、イワナ属、大西洋サケ属、および太平洋サケ属の代表種の分類の系統樹。佐藤（2002）、木曽（2014）などから作図

ケ属は、大西洋に面したヨーロッパ大陸沿岸と北米の東海岸に分布する。太平洋サケ属は、大西洋サケ属との共通祖先が北極海、ベーリング海峡を経て太平洋に進入したことで現在の日本海付近で誕生したとされ[2)]、現在では4属の中で最大の種数、回遊範囲、ならびに資源量を誇る。

本書で主に扱うサケ科魚類4属の生活史の特徴の1つに、〝川から海への回遊〟を行なうようになったことが挙げられる。すなわち、進化的に古いとされるイトウ属やイワナ属では基本的に終生を川で過ごす個体の割合が多い（図3）[2)]。またこれらの一部は海への回遊を行なうが、その期間は軒並み数ヵ月間程度と短く、回遊の範囲も母川付近の沿岸海域にとどまることが多い。一方、太平洋サケ属ではより多くの稚魚が川から海に降りるようになっており、数年間、総距離にして数千キロにおよぶ大回遊を行なう種も見られる。一連の現象、ならびにほとんどのサケ科魚類の親魚が川（淡水域）で産卵を行なうという事実を踏まえると、サケ科魚類は川で淡水生活を営んでいた淡水魚類を祖先とし、そこから長い時間をかけて生活の場を海へと広げながら、川から海への大回遊を進化させてきたものと考えられる。

2　太平洋サケ属におけるサクラマスの分類学的位置

サクラマスが属する太平洋サケ属では現在、環太平洋域に主に8種類ほどが自然分布しているとされる（種の数え方によってはもう少し増える）（図1）[1,2)]。上述したサケ科魚

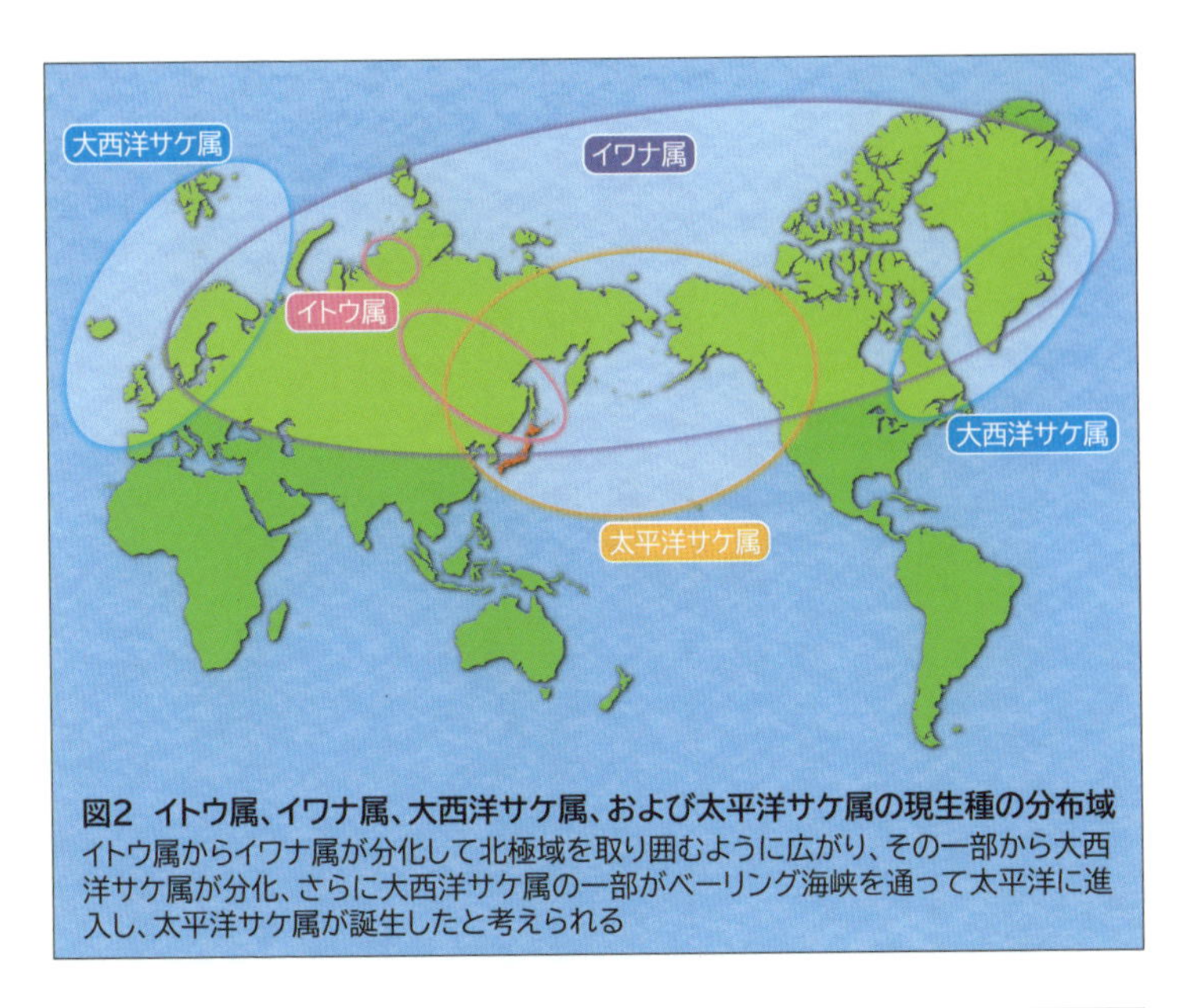

図2　イトウ属、イワナ属、大西洋サケ属、および太平洋サケ属の現生種の分布域
イトウ属からイワナ属が分化して北極域を取り囲むように広がり、その一部から大西洋サケ属が分化、さらに大西洋サケ属の一部がベーリング海峡を通って太平洋に進入し、太平洋サケ属が誕生したと考えられる

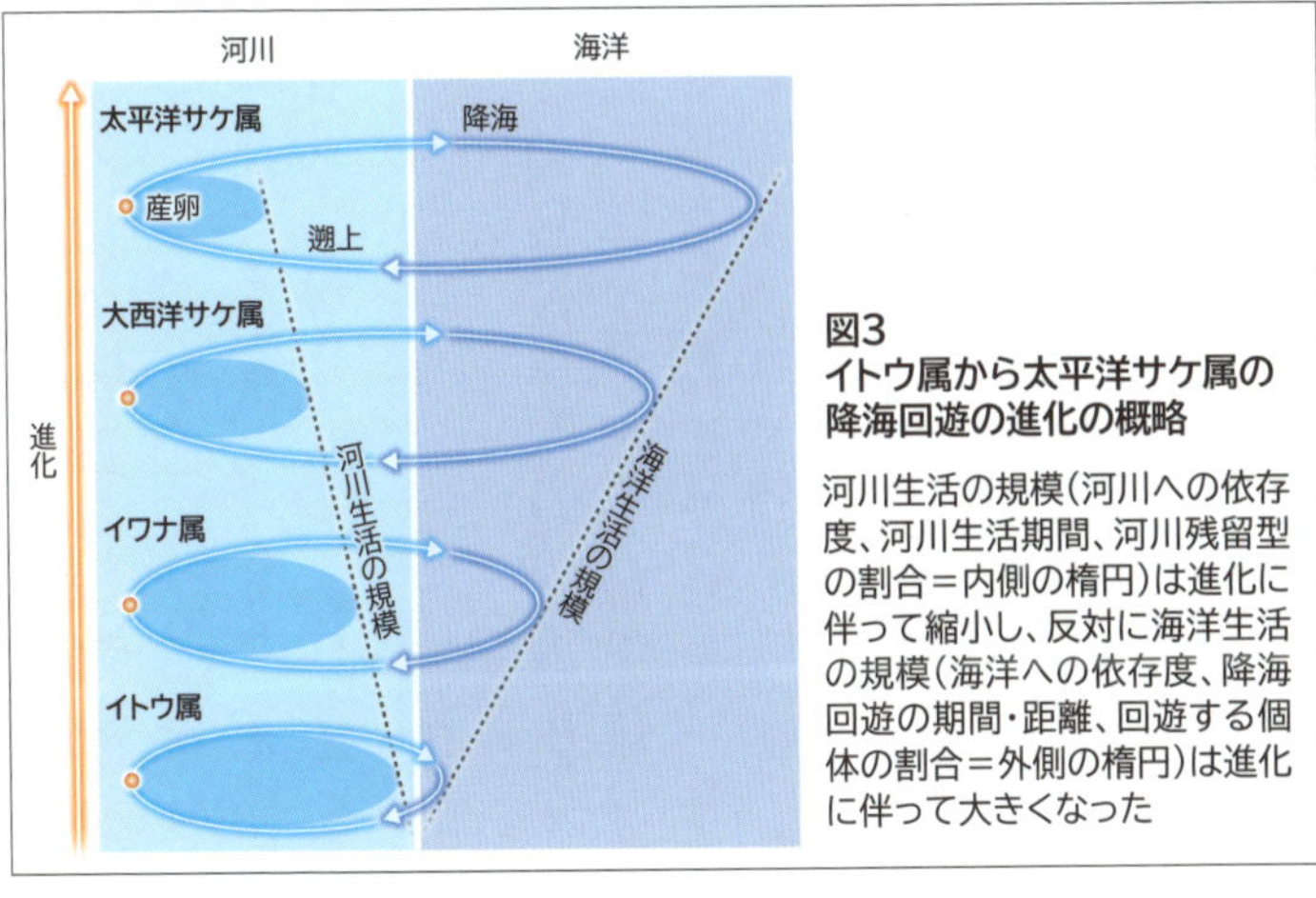

図3
イトウ属から太平洋サケ属の降海回遊の進化の概略
河川生活の規模（河川への依存度、河川生活期間、河川残留型の割合＝内側の楕円）は進化に伴って縮小し、反対に海洋生活の規模（海洋への依存度、降海回遊の期間・距離、回遊する個体の割合＝外側の楕円）は進化に伴って大きくなった

類の代表的な4属の場合と同様、進化の流れに沿って見てみると、まず現在の日本海付近でスチールヘッドトラウト（本種の河川残留型がニジマス。学名はどちらも *O. mykiss*）が誕生し[1,3]、次いでカットスロートトラウト（*O. clarki*）やサクラマス、ギンザケ（*O. kisutch*）、マスノスケ（*O. tshawytscha*）が分化し、さらにその後、ベニザケ（本種の降湖型がヒメマス）（学名はどちらも *O. nerka*）やシロサケ（現在はサケとされることが多いが、本書ではシロサケ〈*O. keta*〉と称する）、カラフトマス（*O. gorbuscha*）が誕生したと考えられる（図1）[1,2]。

太平洋サケ属内においても、基本的には上記した進化の順に降海型の稚魚の割合が増え、回遊を行なう期間や距離、範囲も増加する傾向が見られる。また太平洋サケ属の各種の稚魚が降海を開始する時期は上記した順に早くなる（若齢化する）傾向が見られる。すなわち、進化的に古い種とされるスチールヘッドトラウトやサクラマス、ギンザケは一般に生後1年以上が経過してから海に降りるのに対して、進化的に進んでいるとされるシロサケやカラフトマスの稚魚は孵化後数ヵ月以内と、ごく短期間で海に降るようになる。以上の傾向から、太平洋サケ属を含むサケの仲間では総じてより多くの稚魚がより早く、より遠くまで降海回遊を行なう方向に進化が進んできたことがうかがえる（図3）。

3　サクラマス群におけるサクラマスの分類学的位置

上述したように、サクラマスは太平洋サケ属の1種として分類されているが、本種にはそのほかにも系統的に近い、サツキマス（サツキが咲く頃に母川に遡上するためにこの名が付いたとされる。これらの河川残留型はアマゴと呼ばれる。学名はどちらも*O. masou ishikawae*）、ビワマス（これらの河川残留型はアメゴ[3]と呼ばれる。学名はどちらも*O. masou* subsp. または*O. masou rhodurus*）[3]、およびサラマオマス（*O. masou formosanus*）の3亜種（タイプ）がいることが知られている。[1,3]。そのため、サクラマスを含むこれらの4タイプはあわせて〝サクラマス群〟とも呼ばれる。以後、本書でもこれらをそう呼ぶことにする。

では、サクラマスと他の3タイプとの関係性（共通点や相違点）は、どのようになっているのだろうか。まず、分布域を見ると、サクラマスがロシアを北限として北海道から九州南部にかけての日本海沿岸（一部太平洋沿岸）と、北海道から神奈川県にかけての太平洋沿岸に、またサツキマスが神奈川県以西から四国・九州北東部にかけての太平洋・瀬戸内海沿岸に、互いに勢力を二分するように分布している[1,3]。また、ビワマスとサラマオマスは、それぞれ琵琶湖周辺と台湾の高地の大甲渓に局所的に分布している。

上記のうち、国内の3タイプについて見てみると、ビワマスが約50万年前に共通祖先から分化し、その後、およそ2～5万年前に今度はサクラマスとサツキマスが分化したとされる[3]。（一方、先にサクラマスとビワマス・サツキマスが分化したとの報告もある[4]）。このため、ビワマスはサクラマス・サツキマスとは遺伝的に大きく離れているのに対して、サクラマスとサツキマスは遺伝的にはかなり近い関係にあると考えられている。

一方、台湾のサラマオマスはやや例外的な存在と思われる。おそらく彼らはサクラマスの一部が氷河期の間に日本（おそらく九州あたり）から南下し、台湾の川にまで産卵遡上していたものが退氷期になって高地の川に残留した、「サクラマスの遺存種」である可能性が高い。つまり、サラマオマスは最も離れた場所に生息しているものの、遺伝的には最もサクラマスに近いタイプと考えられる[5)]。

なお、栃木県中禅寺湖にはホンマスと呼ばれるサクラマスの地域個体群が生息しているが、こちらは亜種ではなく、人によって作り出された地域個体群である。記録によると、中禅寺湖ではそれぞれ1882年と1884年にビワマスと北海道産サクラマスが放流されており、ホンマスはそれらのハイブリッド（亜種間の交雑魚）の子孫にあたるとされている[6)]。

4　サクラマス群内の回遊生活の違い

では、サクラマス群の4タイプでは、分布や遺伝的な違い以外にはどのような相違点や共通点が見られるだろうか。まず、4タイプの産卵（繁殖）期について見てみると、これらはいずれも秋に川の上流域で産卵を行なうという点で、生活史が一致している[3)]。次に、本書の主題の1つでもある、川から海への回遊行動について見てみると、ここにも興味深い共通性が見られる。すなわち、4タイプではいずれも同じ個体群（同じ親から生まれた兄弟）の中から〝降海型（ビワマスの場合は降湖型）〟と、〝河川残留型〟の2相が出現す

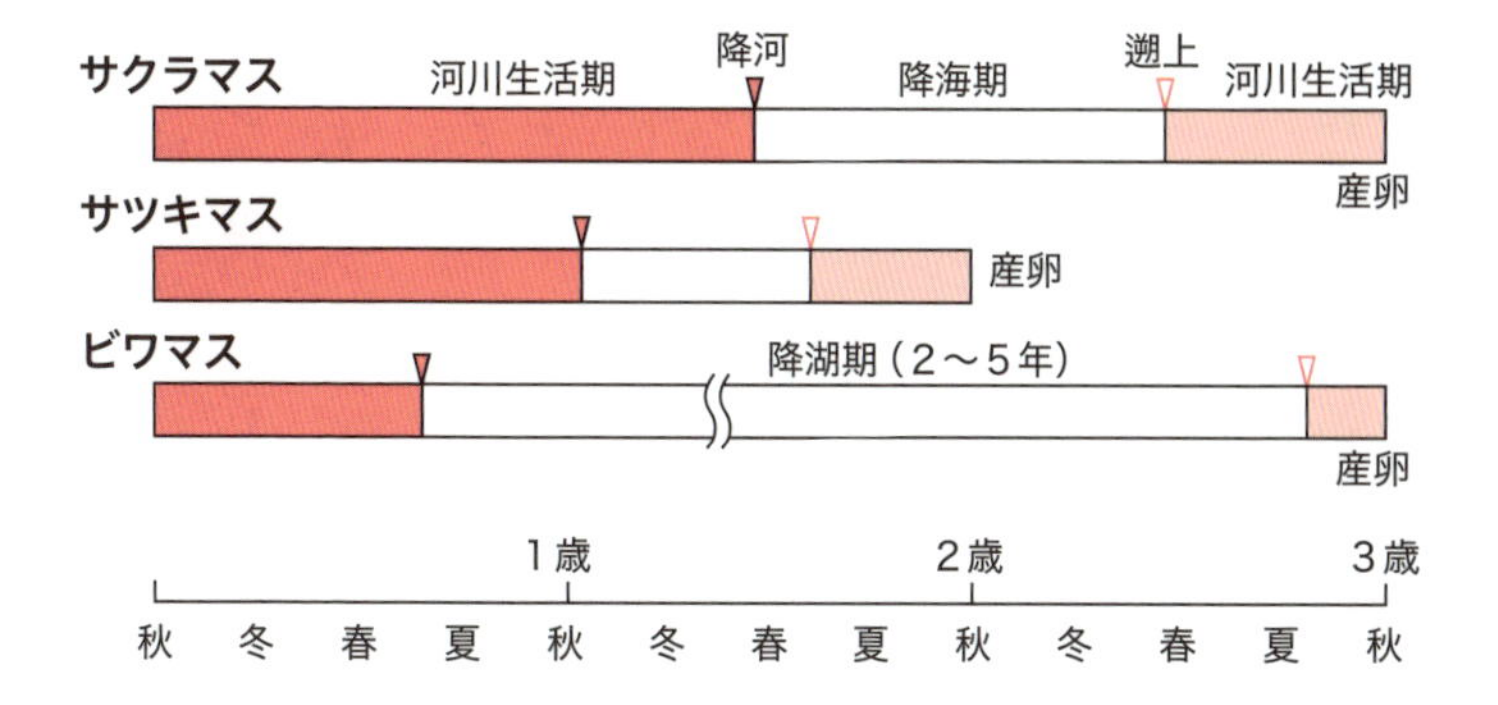

図3　サクラマス、サツキマス、およびビワマスの回遊生活史。サクラマスは約1年半の河川生活期のあと海で1年間を過ごし、春に母川に遡上して満3歳で産卵する。サツキマスは約1年間の河川生活期のあと海で半年間を過ごし、春に母川に遡上して満2歳で産卵する。ビワマスは約半年間の河川生活のあと琵琶湖で2～5年間を過ごし、いずれかの秋に母川に遡上して産卵する。藤岡（2009）を参考に作図

るという共通点が見られる（ただし現在、サラマオマスでは降海型は出現しなくなっている）[1-3]。

その一方で、4タイプの降海（湖）回遊の発現パターンに関しては、やや違いが見られる（図3）。たとえば、サクラマスは主に生後1年半後（約1・5歳）の春に川から海に降りるのに対して、サツキマスは生後1年後（約1歳）の秋～冬と、サクラマスよりも半年ほど早く海に降りる。またビワマスは生まれた年（0歳）の春～夏に琵琶湖に降りる。このように、それぞれのタイプではとくに降海（湖）する時期が異なっている[1,3]。また稚魚が海で回遊を行なう期間は、サクラマスが約1年間である

のに対して、サツキマスの降海期間は半年間程度とやや短い。またビワマスの降湖期間は2~5年間とされている(図3)[3]。本書ではのちほど、異なるタイプ間でこうした降海(湖)パターンの違いが生じる生態・生理・進化的背景についても考察する。

5 サクラマス群の外見や回遊に見られる地域変異

サクラマス群の各タイプを外見で見分ける際の最もわかりやすい指標が、体側の朱点の有無ではないだろうか[3]。一般に各タイプの稚魚はいずれも体側に黒点やパーマークと呼ばれる黒い斑紋を備えているが、サツキマス(アマゴ)とビワマス(アメゴ)の稚魚ではこれらの共通模様に加え、体側に鮮やかなドット状の朱点が多数見られる。サクラマス、ならびにサクラマスに近縁と見られるサラマオマスの稚魚では基本的にこうした朱点は見られない。このことから、とくに朱点は本州内で生息域が隣接するサクラマスとサツキマスを見分ける際の簡便な指標とされてきた。

ところが近年、サクラマスとサツキマスの生息域の境界に近い九州の一部の川などでは本来はサクラマスの生息域とされているにもかかわらず、体側に朱点のような模様がある、サツキマスのようなサクラマスが見られることが報告されている[5]。また、同じくサクラマスとサツキマスの境界領域からさほど離れていない関東~南東北の一部の川では、やはり本来はサクラマスの生息域であるにもかかわらず、サツキマスと同じように生後1年後の秋~冬に降海回遊を行なうサクラマスの個体群が見つかっている[6]。つまり、両タイプ

サツキマス（アマゴ）の稚魚。体側に朱点を持つ（三輪理撮影）

サツキマスの降海型の親魚。降海すると、体側の朱点はほぼ消失する（藤岡康弘撮影）

サクラマス（ヤマメ）の稚魚。体側の朱点は見られない

サクラマスの降海型の親魚

の境界領域に近い川の一部では、本来はサクラマスの分布域とされているエリアの一部の個体群がサツキマスのような外見や回遊パターンを発現していることになる。

では、こうした境界領域で起こっている諸々の現象は、どのように解釈すればよいだろうか。たとえば解釈の1つとしては、近代になって日本の多くの川で盛んに行なわれるようになった、サクラマス群の種苗放流による遺伝的かく乱の影響が考えられる。すなわち、上記のケースの場合はサクラマスの生息域に他水系から持ち込まれたサツキマスの種苗が放流された可能性が考えられなくもない。しかし、こうした可能性が指摘されている一方で、朱点を持ったサクラマスや生後1年後の秋～冬に降海するサクラマスは放流事業が大規模化する前から見られた、との指摘もある[5)]。

仮にそうだとすると、実は現在知られている、サクラマスとサツキマスの分布域を分けている境界線や両タイプの形質の違いは必ずしも明瞭ではなく、とくに両者が隣接して生息する境界領域付近の水域には潜在的にサクラマス、サツキマスの双方の形質を備えた個体群が生息している可能性も考えられる。あるいは、もしかすると近年の気候変動などに伴う河川環境の変化のために境界領域付近のサクラマス（あるいはサツキマス）の性質が可塑的に変化し、今も両者の性質や両者を分ける境界線が流動的に動いている可能性も否定できない。このような現象が見られる背景についても、本書の中でのちほどさらに考察してゆきたい。

6 サクラマスの生活史の特徴

このように、サクラマスは進化的にはサケ科魚類の中で最も新しい太平洋サケ属に属しており、一方で太平洋サケ属の中では比較的古い種にあたる魚種、といえそうである（図1）[2]。別のいい方をすれば、サクラマスはかつて川のみで生活していたサケ科魚類の祖先にあたる種と、進化が進み、川から海への数千キロの大回遊を行なうようになったシロサケなどとの間に位置し、進化の過渡的な性質を備えている種ととらえることもできる。とくに、サクラマスのこうした特性の1つとして、同じ個体群の中から海への回遊を行なう降海型（進化的に新しい形質）と、終生の河川生活を送る河川残留型（進化的に古い形質）という2つの相（phenotype）が同時に出現することが挙げられる[1]。

また、サクラマス群内におけるサクラマスとサツキマスの関係からもわかるように、サクラマスの外見や回遊といった形質は両者が別々のタイプに分かれたあともさまざまな環境の影響を受けながら柔軟に変化している可能性も考えられる。つまり、サクラマス群内の各タイプは進化的に分かれているように見えて、実は今でも進化の途上にある、という可能性も考えられる。

このような背景を踏まえ、以降の本書ではたとえばサクラマスの降海型と河川残留型の関係性に着目しながら、これらの2相がどのような背景によって出現するのか、あるいはこれら2相がそれぞれどのような機構によって川から海への回遊や、終生の河川生活を送っているのかといったことにも、少しずつ切り込んでいきたい。また本書の後半部分ではこうした形質が進化してきた背景にも迫ってみたいと思っている。

本稿の内容の一部は、日本獣医生命科学大学、山本俊昭博士に監修いただいた。ここにお礼申し上げる。

引用文献

1 木曾克裕：二つの顔を持つ魚サクラマス，成山道書店，東京，2014，186pp.

2 佐藤真彦：サケの母川回帰と嗅覚記憶．*In*：魚類のニューロサイエンス（植松一眞，岡良隆，伊藤博信 編），恒星社厚生閣，東京，2002, pp. 211-244.

3 藤岡康弘：川と湖の回遊魚ビワマスの謎を探る．サンライズ出版，滋賀県，2009，216pp.

4 石黒直哉：サクラマス3亜種のミトコンドリアゲノム全塩基配列の比較．福井工業大学研究紀要，37: 243-250, 2009.

5 岩槻幸雄：サラマオマス（台湾マス）系統のヤマメ（サクラマス）は九州（日本）には分布しないの？ http://www.cc.miyazaki-u.ac.jp/yuk/research/saramaomasu.html

6 Munakata A., Amano M., Ikuta K., Kitamura S., Aida K：Growth of wild honmasu salmon parr in a tributary of lake Chuzenji. Fisheries Science, 65: 965-966, 1999.

7 棟方有宗，新房由紀子，佐藤大介，清水宗敬：広瀬川のサクラマス秋スモルトの浸透圧調節機能と降海性．平成29年度日本水産学会春季大会講演要旨集，13, 2017.

コラム 1

アユは今もサケの仲間か？

　これまで長きにわたってサクラマスなどのサケ科魚類とアユは、同じ〝アブラヒレの一族〟の親戚同士と見なされてきた（と私は思っていた）。だが、どうやら最近になって、その関係は見直されたらしいことが報告されている。

　実は、アユの分類の変遷は、今に始まったことではないらしい。最初にアユが記載された時、学名は *Salmo (Plecoglossus) altivelis* となっており、つまりアユは最初、サケの仲間と見なされていたことがうかがえる。その後、アユはアユ属という独立した属に属するとされたが、依然としてアユ属はサケ科（*Salmonidae*）に属するとされた。

　しかしその後、アユの分類は徐々に迷走を始めることになる。それまでサケ科に属していたアユ属はその後、サケ科からニギス科に移された。しかし、１９２３年には今度はアユ科が創設され、以後、アユはアユ科アユ属アユという、サケ科とは独立したグループを形成すると見なされたのである。ところがそれも長くは続かず、１９２５年になるとアユは、今度はキュウリウオ科に組み込まれてしまう。そこからしばらくは、アユをアユ科とするか、キュウリウオ科に組み込むかで議論が続いたというが、結局、最近まではサケ目アユ科アユ属に属するということで落ち着いていた。つまり、この段階までは、アユとサケは大きくはサケ目の中の親戚同士と見なされてきたのである。

古座川（和歌山県）のアユ

ところが最近（2006年）、それまでサケ目に属していたキュウリウオ科が独立、昇格してキュウリウオ目が誕生した。つまり、それまで同じサケ目に属していたサケ科とキュウリウオ科が、それぞれサケ目サケ科と、キュウリウオ目に分かれることとなった。また、この分割と同時に、サケ目に属していたアユ科アユ属は、昇格したキュウリウオ目のほうに引っ越し、アユ亜科アユ属となった。

こうして、アユはそれまでのサケ目の一員からキュウリウオ目の一員となり、一方のサケ科は、そのままサケ目の一員としてとどまることとなり、ここに両者の新たな関係性が固まったことになる。

こうしてみると、これまでサケの親戚筋の仲間だと思っていたアユが、やや遠い存在になった気がしないでもない。しかし、それはあくまでも分類上の話。我々釣り人にとっては両者が日本の川で健気に暮らし、ともにアブラヒレを持つ、愛すべき隣人同士であることはこれまでどおり、何ら変わるところはない（あるいは、もしかするとまた将来、両者は同じ分類群の仲間として見直される可能性もある）。

Chapter 2 *Effects of environmental factors on seaward (downstream) migrati*

サクラマスの降海回遊と環境要因

サクラマスはなぜ、川で生まれたあと、海への降海回遊を行なうようになったのだろうか？　本チャプターでは彼らの孵化から銀化（ぎんけ）変態、降海期までの生活史をたどりつつ、降海、あるいは河川残留に影響を及ぼすファクター（環境要因）について概観してみたい。

1　サクラマスの降海期までの生活史

一般に、サクラマスは川の上流域に形成された産卵床（redd）で冬に誕生（孵化）する（図1）[1)]。産卵床とは、雌の親魚が産卵のため尾ビレで水通しがよい砂礫底を掘り起こした川底の窪みであり、秋には雌雄のペアがその上で一連の産卵行動（放卵・放精）を行なう。産卵床に産み落とされた卵（受精卵）は、基本的に積算温度４５０℃程度で孵化するといわれている[3)]。孵化後、卵黄を吸収して産卵床の砂礫の隙間から浮上した稚魚（仔魚）は最初、川岸の緩流帯で数尾程度の群がりをなして小動物を捕食する。しかし、その後は徐々に流心部へと移動しながら摂餌を活発化させる。そのため、稚魚はこの頃から他の稚魚と摂餌空間をめぐってなわばり争いを繰り広げるようになる[4)]。

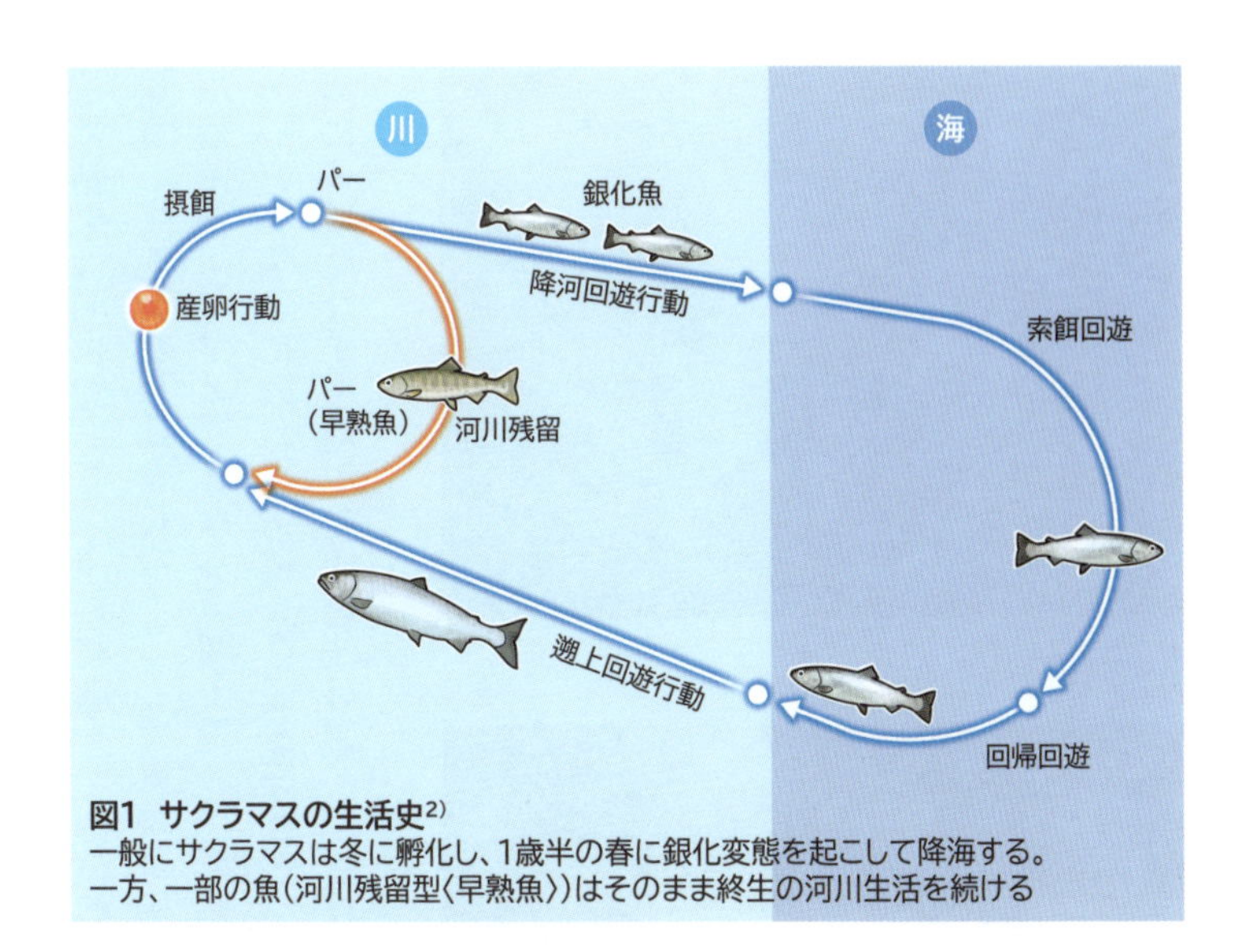

図1　サクラマスの生活史[2)]
一般にサクラマスは冬に孵化し、1歳半の春に銀化変態を起こして降海する。一方、一部の魚（河川残留型〈早熟魚〉）はそのまま終生の河川生活を続ける

産卵床と、その上でペアリングを行なう親魚（写真はアマゴ／愛知川）（藤岡康弘撮影）

サクラマスの受精卵と孵化稚魚（仔魚）

その結果は明白であり、争いに勝って優位個体（dominant）となった稚魚はなわばりを確立して充分な摂餌を行なうことで成長を続け、その多くが性成熟（早熟）を開始して河川残留型（ヤマメ）となる（図1）。

一方、争いに敗れて劣位（subordinate）となった稚魚は確たるなわばりが持てないために未成熟なまま河川生活を続けるが、それらの多くは1歳半となる春に銀化変態（par

サクラマスの稚魚

サクラマスの河川残留型

サクラマスの降海回遊型の銀化魚（岩手県気仙川）

- smolt transformation）を起こして銀化魚となり、海への回遊の一部である降河回遊行動（downstream migratory behavior）を発現する（図1）[2,4]。なお、〝銀化変態〟は一般的には〝海での生活に適応するための準備〟と定義されており、このプロセスには複数のホルモン（生理因子）が関与することが知られている。詳しくはのちほどあらためて解説するが、たとえば銀化魚では甲状腺から分泌されるホルモンの一種（サイロキシン）によって脊椎骨が伸びるため、河川残留型（ヤマメ）よりも体型がスリムになる。また、銀

雪解け（雪代）前の岩手県気仙川。サクラマスはこの頃に銀化変態を起こし、やがて降河回遊行動を発現する

雪解け前の青森県奥入瀬川

化魚ではサイロキシンの作用によって体表にグアニン色素が沈着することで体色が銀白色になり、それまでの保護色（カムフラージュ体色）であるパーマークが見えにくくなる[4]。また脳下垂体から分泌される成長ホルモンや、副腎皮質から分泌されるコルチゾルといったホルモンによって鰓の鰓弁上に海水生活のための塩類細胞（海水中で体内に侵入する過剰な塩分を体の外に排出する細胞）が発達するため、海（海水）でも生活を続けることが可能になる。

こうして銀化変態を行なった銀化魚の多くは、地域によっても異なるが（後述）、主には早春から5月頃の間に降海回遊行動を発現する（図1）。これらの調節機構についてはのちほど改めて見ることとし、次になぜ、こうして一部のサクラマスが川と海との間の通し回遊（海と川との間で行なわれる回遊現象のことを、通し回遊と呼ぶ。降海回遊は、その一部。）を行なうのかについて、生態・行動学的背景との関係から考察する。

2　サクラマスの降河回遊が行なわれる生態学的背景

ではここから、本書のテーマの1つとなっている、サクラマスが川から海への降海回遊を行なう背景について、順番にみていく。

サクラマスなどのサケ科魚類が川から海への回遊を行なうようになった（進化した）生態学的背景の1つには、川（陸域）と海（海域）との生産性の差があるとされている[5,6]（一方、次述するように河川内特有の環境要因が降海回遊を促進する可能性も指摘されている

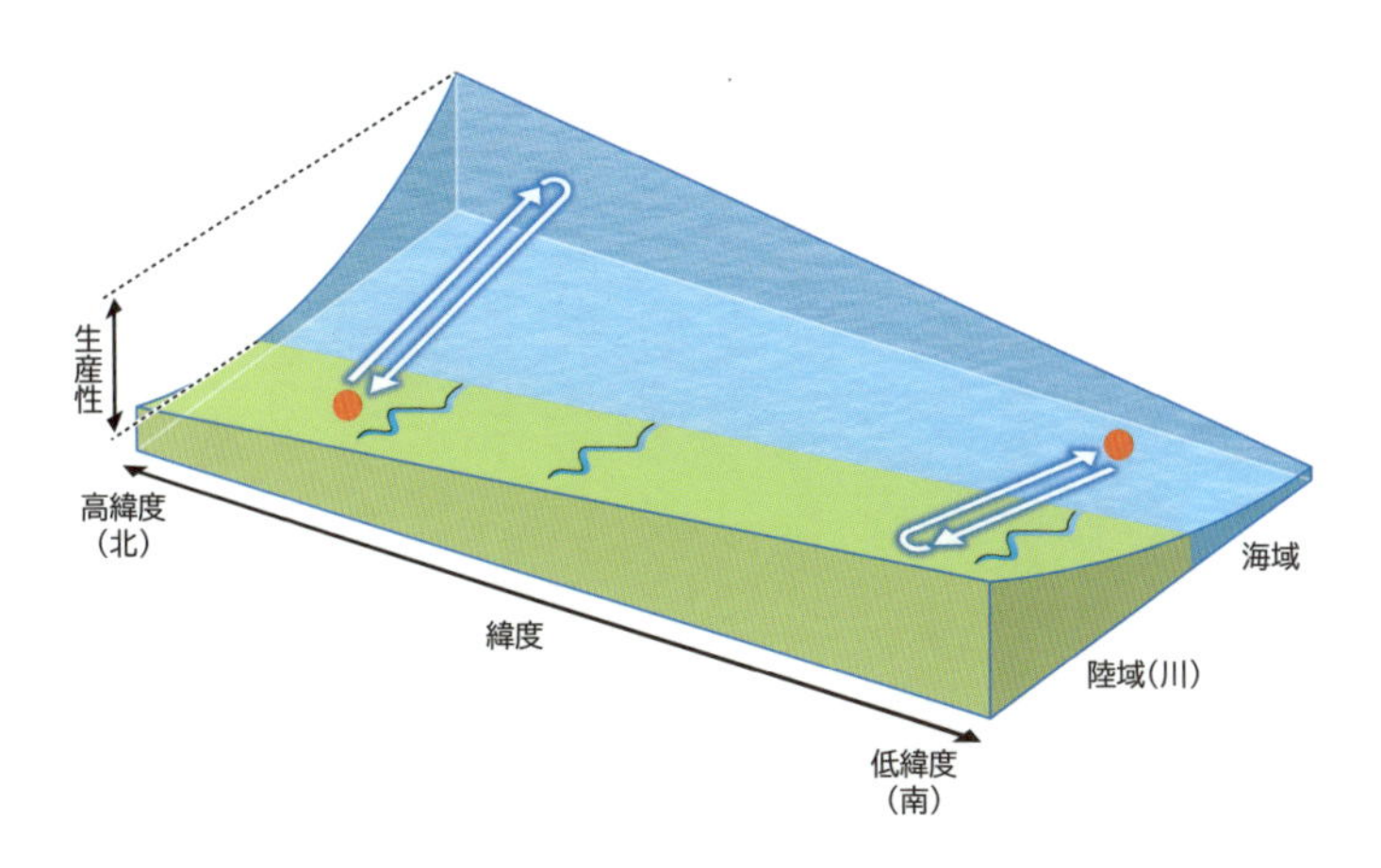

図2　陸域と海域の生産性の差違に基づく魚類の通し回遊進化の概念

北半球の高緯度域では川（陸域）よりも海域の生産性が高いため、川から海への回遊が進化しやすい。一方、低緯度域では海から川への回遊が進化しやすい

[4]）。以下、その仮説について、あらましを解説する。

この仮説によると、基本的に地球（北半球）の陸域（川を含む）では〝生産性〟が南（赤道）に行くほど高く、北（極域）に行くほど低くなる（図2）[5]。端的にいうと、赤道付近には広大な熱帯雨林（ジャングル）が広がり、それが北に行くにしたがってツンドラや裸地に変わり、最終的に北極圏は氷で閉ざされるといった生産性の違い（勾配）が見てとれる。一方、海域では一見しただけではこうした明確な勾配を見ることは難しいが、実は海の中では陸域とは反対に生産性が南に行くほど低く、北に行くほど高くなる傾向を示す。これは、どういうことだろうか。

たとえば、赤道付近の海は一見すると一年中水が暖かく、海中に届く日差しも強く、熱帯魚が群れ泳ぐ豊かな海のイメージがもたれるが、あらためて見てみるとこの海域は透明度が高く、サンゴ礁などが発達しているエリアも実はさほど広くない。実は南の海では水温が高く、日照時間も安定していることで栄養塩などの物質の回転速度が速く、栄養の供給が需要に追いついていないことが多いと考えられる。つまり、この海域では需給バランスが不均衡となることで、そこに生息する生物にとっては常に生産性が低い状態となっている。一方、北の海は寒々しく、一見すると生物にとって過酷な環境のようにも映るが、実は多くの海域ではプランクトンや魚類もそれなりに多く存在し、相対的に生産性が高いことがわかっている。

こうして、北半球では緯度に沿って陸域と海域の生産性が逆向きの勾配を生じており、それらが中緯度域のどこかの地点を境に逆転することになる。そのため、サケ科魚類が主に生息している北半球の高～中緯度域では川で生まれた稚魚の多くが海への回遊を行なう方向に進化が進んできたと理解される（図2）。また一方で、北半球の低緯度域の海ではその反対の状況が出現するため、たとえばニホンウナギ（*Anguilla japonica*）では海で生まれた稚魚の大半が川への通し回遊を行なう方向に進化してきたものと理解される。

なお、もしもこの仮説が正しければ、陸域と海域の生産性は北半球の中緯度域にあたる日本付近で均衡と逆転現象を起こすはずである。つまり、そのような場所では陸と海の生産性がほぼ釣り合うため、付近に生息する魚類では川と海との間の通し回遊は発達しなくなると考えられるが、はたして実態はどうだろうか。

実は、それは半分正しく、半分は不正確と考えられる。なぜならば、実際の日本付近ではこうした基本的な生産性の勾配に加えて、四季による陸・海の生産性のゆらぎ（季節変動）が生じるからである。こうした季節的なゆらぎを背景として、川と海との間でうまく回遊を行なっているのが、アユ（*Plecoglossus altivelis*）だと考えられる。アユは秋に川の下流域で孵化した後、冬の間は海に降って成長し、春になると今度は海から川へと遡上し、産卵場を通り過ぎてさらに中流域まで移動して夏の間は藻類を摂餌する。そして、彼らは性成熟するとふたたび下流域に降りてきて産卵を行なう。つまり、アユたちは下流域の産卵場を起点として冬はより生産性が高くなる沿岸海域を、また夏の間はより生産性が高くなる川の中流域を利用するといったように、川と海の生産性のゆらぎを巧みに利用しつつ、回遊（両側回遊と呼ばれる）を行なっている魚と考えられる。

さて、本題のサクラマスに話を戻す。このように、上述の仮説を踏まえると、サクラマスなどのサケ科魚類の通し回遊は「生産性が低い川の代替として、より生産性が高い海を産卵までの間、摂餌のために利用する行動」ととらえることができる。また、この視点に立てば、多くのサケ科魚類は川で生まれたあと、積極的に（ポジティブな動機で）川から海への回遊を行なうものと理解される。

たとえば、これに当てはまる事例としては、サケ科魚類の中でも進化的に古い、イトウ属やイワナ属の周期的な降海回遊を挙げることができよう。両属の一部はその生涯の中で、多ければ数回にわたって川と海（沿岸海域）を行き来することが知られており、後述するように、こうした行動が以降に誕生したサクラマスなどのサケ科魚類のより大規模な通し回遊の原型になったのではないかと考えられる。また、サケ科魚類ではすでにこの段階において、淡水と海水の間を行き来することができる柔軟性のある浸透圧調節機構を備えていたことも示唆される。

3　サクラマスの降河回遊が行なわれる行動学的背景

一方、サクラマスが川から海への回遊を行なう背景には、上記した陸と海の生産性の差だけではなく、同種内の個体間作用（intraspecific interaction）、すなわち行動学的ファクターも大きく関係しているものと考えられてきた[1,4]。

チャプター1でもふれたように、サクラマスの稚魚は川の中で摂餌空間などをめぐって熾烈ななわばり争いを繰り広げ、争いに敗れた稚魚の一部が銀化変態を起こして海への回遊を行なうことが示されている。つまり、サクラマスの稚魚が降海回遊を行なうか否かは、直接（至近）的には川でのなわばり争いに敗れるか否かが、大きく関わっていると考えられる。この点も加味すると、サクラマスの川から海への回遊が行なわれることを単純に北半球の川と海の生産性の違いのみで説明することには難があることがうかがえる。

そこで、これまでに述べたことを時系列に沿って、簡単に整理してみたい。

ここまでの説を総合すると、現段階では以下の推論を立てることがでる。

1 サクラマスは川の上流域で孵化した稚魚が限られた摂餌空間をめぐってなわばり争いを繰り広げる。

2 その結果、争いに敗れた稚魚は新たな摂餌空間を求めて主に下流域に向けて降河（逃避）する。

3 しかし、下流域は一部の魚にとっては充分な摂餌環境ではないか、あるいは季節による水温変動が激しいといった環境条件があるため、稚魚の一部はさらに川を降り（跳躍的な逃避[3]）、ときには海にまで到達（降海）する。

4 一方、北半球の高～中緯度域では海の生産性が川（陸域）よりも大きいため、一度海に降りた稚魚はそのまま摂餌を続けることができ、性成熟を開始するまで海で回遊するように進化したのではないか。

つまり、時系列から見る限り、サクラマスの銀化変態や降河回遊は基本的には川でのなわばり争いに敗れるといったストレスに対する応答として消極的に発現しており、前述した海の生産性の高さは結果的に（後付け的に）劣位の降海個体の受け皿（セーフティーネット）として機能しているに過ぎない、とも考えられる。

このようにとらえると、サクラマスでは本来は適応的ではなかった（あるいは適応度が低かった）川の上流域からの逃避としての降河回遊行動が、たまたまその先の海の生産性の高さに支えられたことで劣位個体の新たな生活史戦略（代替戦略）として機能するようになったものと考えられる。

ただ、サクラマスの降海回遊は最終的には降海型の銀化魚の体サイズを河川残留型の2倍以上（体長50～60㎝）に成長させ、雌雄の抱卵数や精子量を劇的に増やすことも広く知られている[1)]。このことから、多くの読者はサクラマスの降海回遊の適応度が河川残留よりも低いとの議論に、疑問を感じられるかもしれない。

実は、海域では川よりも生産性が高く、エサも多く食べられるものの、同時に外敵（捕食者）からの捕食リスクがかなり高い、過酷な環境だということが知られている。つまり、降海型は大型化して多くの卵や精子を作ることができるようになるが、あくまでもそれは海洋生活で生き残ったごく一部の魚に関しての話であって、その陰には膨大な死亡魚がいることになる。一方、河川残留型は降海型ほど大型化できず、作ることができる卵や精子の量も少ないが、その反面、川の中で外敵に捕食されるリスクは相対的には低く、比較的生存確率が高いことが知られている。そのため、親魚の生涯繁殖成績（繁殖の成功確率）という観点にたてば、降海型の成績は河川残留型よりも低いと考えられる。

以上のことも踏まえると、基本的にサクラマスは海の生活が川の生活（河川残留）を凌駕する生活史戦略とはなっていないものと考えられる[3)]。逆説的にいえば、仮に何らかの理由で海に降りることの適応度が川に残留する適応度を充分に上まわるのであれば、その個体群ではほとんどの稚魚が降海するように進化すると考えられる。実際、次述するロシアのサクラマスや、サクラマス以降に誕生したベニザケやシロサケ、カラフトマスなどでは孵化後、ほとんどの稚魚が大規模な降海回遊を行なうように進化しているが、それは何らかの背景によって彼らの降海の適応度が川に残留する適応度を上回っていることによると考えられる。

4 サクラマスの降海型の出現比率の地域変異

以上のことからも、川で生まれたサクラマスの稚魚は、主には北半球の緯度に応じた生産性の勾配（生態学的要因）やなわばり争いなどの個体間作用（行動学的要因）によって降海型と河川残留型の2相に分かれてゆくと考えられるが、半球の緯度の違いはそれだけにとどまらず、両相の出現比率などの、各地の釣り場でも見られる興味深い現象にも影響を及ぼしていると考えられるので、次にそれを見てみたい（次頁図3）。

たとえば、サクラマスの生息域の北限に近いロシアや北海道においても、基本的に稚魚は河川残留型と降海型の2相に分かれる。しかし、両相の出現比率を比べると、この地域では川に残る河川残留型の稚魚は極めて少なく、大半の稚魚は降海型となって海に降りることがわかっている。ところが、徐々に生息域を南下して本州の東北地方にさしかかると、それまでは少なかった河川残留型の稚魚の出現比率が徐々に増加し、相対的に降海型の個体数が減少してゆく。これがさらに南下して九州に入ると、降海型の稚魚はさらに少なくなり、ほとんどが河川残留型となる。こうした変化は、サクラマスの河川残留型・降海型の出現比率の緯度のクライン（latitude cline）と呼ばれる。

また、河川残留型と降海型内の雌雄の内訳を見ると、生息域の北限に近いロシアや北海道では河川残留型が基本的に雄で占められ、残りの雄とほとんどの雌は降海型となること

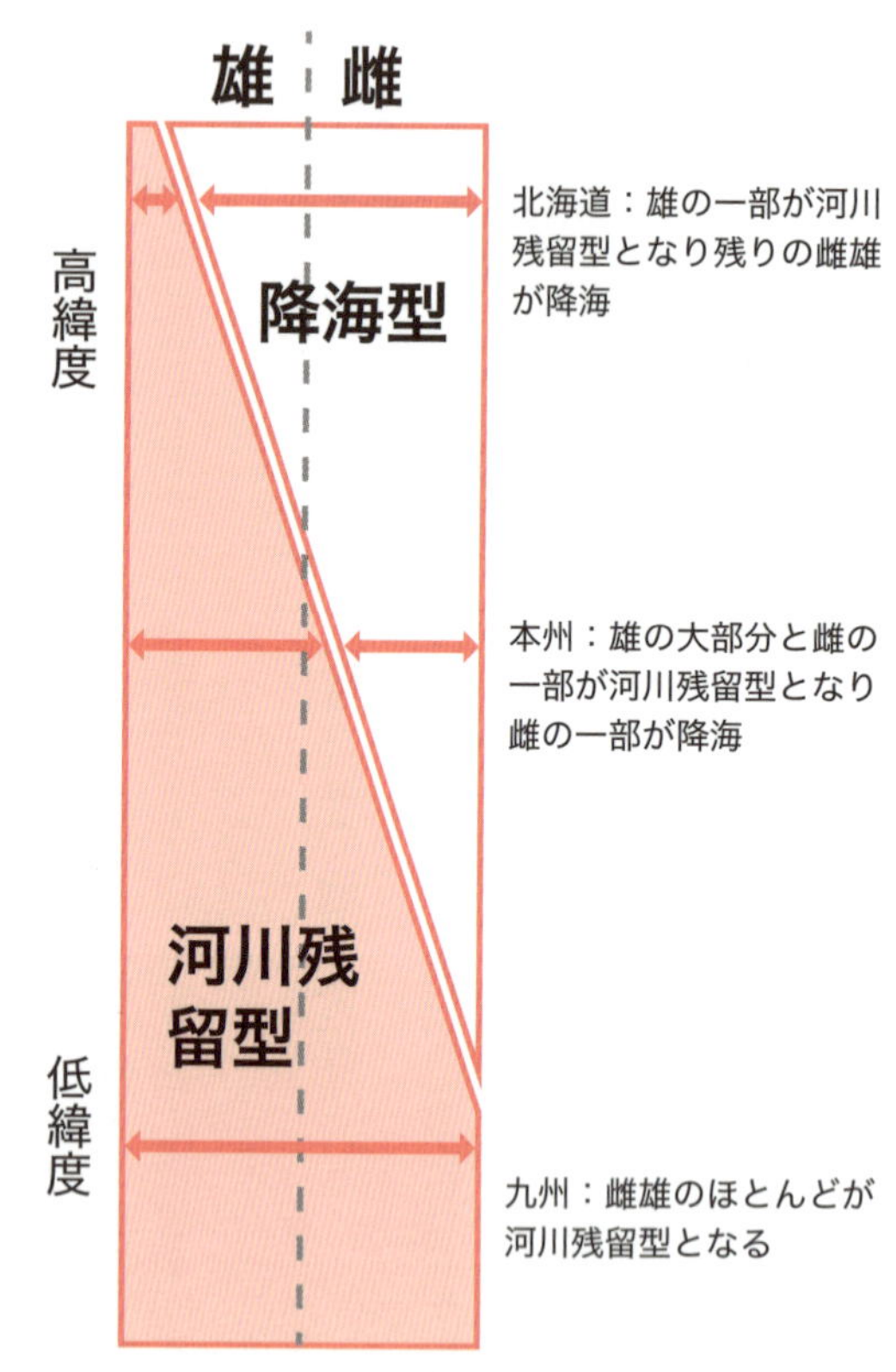

図3
緯度に応じたサクラマスの河川残留型と降海型の出現比率の変化
高緯度ほど河川残留型の比率は少ない。また、雄は雌よりも河川残留型となる傾向が見られる

がわかっている。ところが、生息域を南下するに従って徐々に河川残留型にも雌が混ざるようになり、さらに南下した九州では雌雄のほとんどが河川残留型となって川に残る。つまり、北海道の川で釣れるヤマメ（ヤマベ）はほとんどが雄であり、一方で宮城県の広瀬川で釣れるヤマメには基本的に雄が多いものの、一定数の雌も混じるようになることと一致する。

このように、生息域の北限に近いロシアや北海道において、サクラマスの河川残留型の稚魚が極端に少ないことには、すでに述べたように北半球の高緯度の川の生産性が低く、河川残留型の適正生息尾数が制限されるためだと考えられる。反対に、生息域の南限に近い九州の川において、ほとんどの個体が河川残留型となれるのは、低緯度の川では生産性が高いため、基本的には生まれた稚魚のほとんどが河川内で性成熟できるからだと思われる。

またロシアや北海道の川に残留する稚魚の大半が雄（早熟雄）で占められるのは、サクラマスなどの魚類では基本的に雄が雌よりも少ない栄養分（投資）で性成熟（精子形成）を起こすことができるためといった、生物学的な背景によるものと考えられる[7]。すなわち、雄が作る精子は基本的には遺伝子情報（ＤＮＡ）とそれを運ぶ乗り物（精子本体）でシンプルに構成されているのに対して、雌が作る卵では遺伝子情報のほか、次世代の稚魚の体を作るための膨大な栄養分も含めなくてはならず、生産コストがかかることが背景にある。

産卵床でペアリングを行なうサクラマスの親魚とその背後にいるスニーカー雄。スニーカー雄は見た目の様子からアクセサリーメールとも呼ばれる。彼らは雌雄のペアの背後に身を潜め、ペアが放卵、放精を行なうタイミングで自身も放精することで一定の繁殖成績を収める

また、サクラマスの場合、雄が海に降りない傾向を示すことには、サケ科魚類特有の生物学的背景も関係している。すなわち、サクラマスなどの雄は仮に成熟時の体サイズが小さかったとしても、産卵時にはスニーキング(sneaking)と呼ばれる繁殖戦略によって、一定の繁殖成績を残すことができるようになっていると考えられる(上写真参照)。これが、川に残る稚魚に雄が多く、海に降りる稚魚には雌が多いことの別の背景と考えられる。

5　サクラマスの回遊パターンの地域変異

なお、サクラマスでは上述した河川残留型と降海型の出現比率や、それらの雌雄比だけではなく、降海回遊行動の発現時期や産卵期といったライフサイクルの発現パターンにも緯度に応じた差(クライン)が見られる(図4)。

たとえば銀化魚の降海回遊の発現タイミング

図4　緯度に応じたサクラマスのライフサイクルの発現パターンの変化

を見ると、北海道では主に1歳半の4～5月が降海のピークであるが[4]、より南の東北地方の太平洋沿岸河川では北海道よりも1ヵ月ほど早い3～4月がメインの降海期となっている。このようなタイミングの差は、大局的には緯度の高低によるクライン、とくにこの場合は緯度による生息河川の季節の進度差によって生じるものと考えられる。たとえば、東北地方の太平洋沿岸河川の銀化魚が海に降りる3～4月はこの地域の雪解け（雪代）のシーズンに当たり、銀化魚は川に流れ込む雪どけ水の影響を受けて降海行動を発現すると思われる[3]。一方で、この時期の北海道の川の水はまだ冷たく、川の周辺は依然として雪や氷に閉ざされており、1ヵ月ほどたった4～5月になってようやく雪代のシーズンを迎えることで、銀化魚が降海行動を発現するようになるものと考えられる。つまり、サクラマスは生息域（緯度）が異なっている場

雪解け期の３月の気仙川上流域

合、絶対時間（カレンダーの日づけ）ではなく、川の環境が同じ環境条件（この場合は雪代期）となった時点で降海回遊を行なうように自身の行動調節機構を進化させてきたものと推察される。

また同様に、サクラマスの産卵シーズンは北海道では主に9月下旬から始まるのに対して、東北地方の太平洋沿岸の川では1ヵ月ほど遅い10月頃が産卵期のピークとなる。これも、北海道のサクラマスが産卵を行なう9月頃はまだ東北地方の川の水温が高く、10月頃になるとようやく北海道と同様の産卵適水温となるためではないかと考えられる。

以上のように、サクラマスはその個体群が生息する緯度や河川環境に合わせてライフサイクルを多面的に変化させており、環境の変化に対して時に大きく、時には細やかに適応することで連綿と世代を重ねてきたことがうかがえる。おそらく、このようなフレキシブルな環境適応能力は今も絶え間なく変化する地球環境に適応し続けるという、本種にとって最も重要な生活史戦略を支える要素になっていると考えられる。

なお、本稿の生活史戦略の項については、東京大学大気海洋研究所、森田健太郎博士に監修いただいた。ここにお礼申し上げる。

引用文献

1 木曾克裕：二つの顔を持つ魚サクラマス．成山道書店，東京，2014，186 pp.

2 棟方有宗：サクラマスの降河回遊行動の生理的調節機構．海洋と生物．221: 558-562, 2015.

3 田代文男：アマゴ・ヤマメ　養殖の条件と飼い方．特産シリーズ 47．農村漁村文化協会，東京，1981，126pp.

4 棟方有宗：魚類のなわばりと防御行動．*In*：ホルモンから見た生命現象と進化シリーズ第7巻 生体防御・社会性－守－（水澤寛太，矢田崇 編），裳華房，東京，2016, pp. 203-215.

5 塚本勝巳：I 通し回遊魚の起源と回遊メカニズム．*In*：川と海を回遊する淡水魚（後藤晃，塚本勝巳，前川光司 編），東海大学出版会，東京，1994, pp. 2-17.

6 McDowall, R. M.: Why are so many boreal freshwater fishes anadromous? Confronting 'conventional wisdom'. FISH and FiSHERIES, 9: 208-213, 2008.

7 生田和正，会田勝美：6 産卵回遊．In：回遊魚の生物学（森沢正昭，会田勝美，平野哲也　編），学会出版センター，東京，1987, pp.72-89.

コラム 2

回遊現象の名称

本書では主にサクラマスなどのサケ科魚類の回遊について見ている。そこでここでは魚類の回遊現象の基本について、あらためて確認しておきたい。

回遊は、英語で記すとmigrationとなる。migrationの定義は、ある個体が自分の生まれた場所（A地点）から（それなりに）離れた場所（B地点：多くは索餌や越冬、越夏のための場所）との間で行なう移動のこと、といえる。そもそも、回遊というと魚類特有の現象のように思えるが、migrationは魚類、鳥類、哺乳類、昆虫類など、多くの動物で行なわれている。日本語では鳥のmigrationのことを渡りと呼び、哺乳類や昆虫のmigrationのことを移動（トナカイの大移動）などと呼んでいる。

では、回遊する魚類は、どれくらいいるだろうか。回遊魚の中には、サケ科魚類のほかにもアユやサンマ、マグロ、ウナギといったように我々になじみの深い魚種が多いが、実は回遊魚の定義にあてはまる魚類は全体の1%未満しかいないとされる。魚類が約3万6000種類いるとされているので、種数にすると、多く見積もっても360種程度ということになる。

これらの回遊魚は、その性質によって、さらにいくつかのグループに分けることができるが、主には海（海水）の中だけで回遊を行なうグループ、川（淡水）の中だけで回遊するグループ、海（海水）と川（淡水）との間で回遊するグループに分けられる。特に3番目のグループを、通し回遊魚と呼ぶ。

通し回遊魚が行なう通し回遊は、その方向性によってさらに3種類に分けられる。1つめは、サクラマスなどのように川で生まれた稚魚が海に降り、また川に戻ってくるタイプで、これを遡河回遊（anadromous migration）と呼ぶ。なぜ川から海へと向かう回遊なのに、降河ではなく遡河回遊と呼ぶのかというと、諸説あるが、降河する稚魚よりも遡上する親魚のほうが産業的に重要であり、サイズ的にも目立つからともいわれている。

一方2つめは、海で生まれた稚魚が川に上り、また海に戻る、ウナギなどが行なうタイプで、こちらは降河回遊（catadromous migration）と呼ばれる。

そして、3つめはやや特殊な通し回遊で、両側回遊（amphidromous migration）と呼ばれる。典型的な種としては、アユが知られている。アユは川の下流域で生まれた後、冬の間は海に降りるが（1つめの回遊）、春になると今度は川を遡上してそのまま産卵場を通過し、川の上流側へと向かって夏を過ごす（2つめの回遊）。そしてその後、自分が生まれた産卵水域に戻ってきて産卵を行なう。

以上のように、本書で見ていくサクラマスは、通し回遊魚の中の遡河回遊魚の一種、ということになる。

Chapter 3

サクラマスの河川残留型と降海型のバリエーション

Variation in Stream Residents and Migrants

本書ではここまで、サクラマス群において河川残留型と降海型の2相が出現する背景や、2相それぞれの生活史を眺めてきた。一方、これらの2相には地域ごとにいくつかのバリエーションが見られることも知られている。ここではそれらについて整理し、変異が見られる背景について考察していく。

1　河川残留型のバリエーション

これまで見てきたように、川で孵化したサクラマスの稚魚は主に終生の河川生活を送る河川残留型[1,2]と、川から海に降りる降海型の2相に大別されてきた。ところが近年、とくに釣り人などによって、両者にそれぞれいくつかのバリエーション（サブタイプ）が出現することが指摘されている[3-5]。

たとえば、宮城県の広瀬川では典型的な河川残留型（河口から30～40㎞上流で終生の河川生活を送る）が見られるほかに、季節に応じて河川内で短距離の降河と遡上を行なう、著者が河川内回遊型と呼んでいるサブタイプが見られる（図1）[3,4]。河川内回遊型は10～

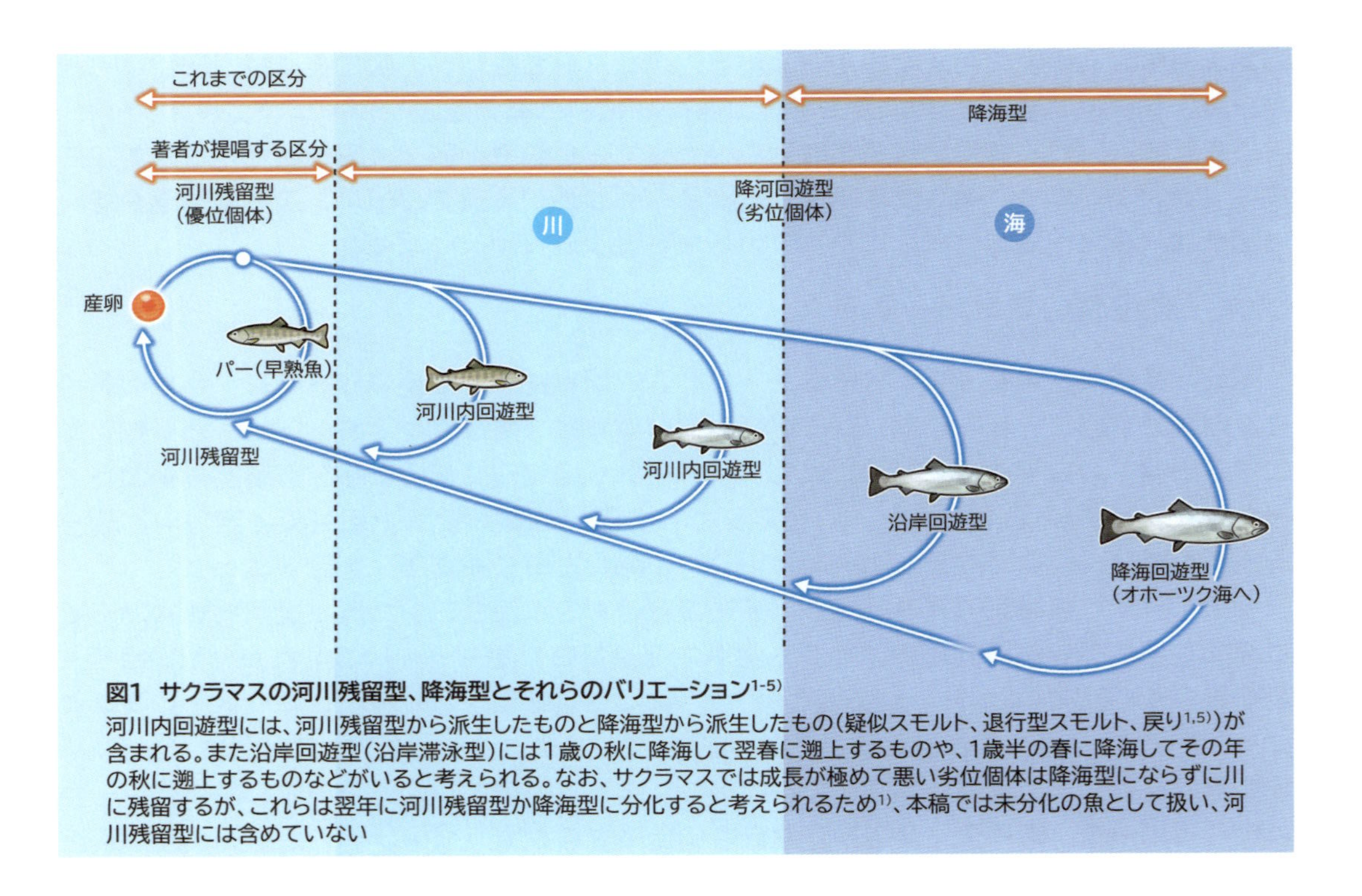

図1　サクラマスの河川残留型、降海型とそれらのバリエーション[1-5]

河川内回遊型には、河川残留型から派生したものと降海型から派生したもの（疑似スモルト、退行型スモルト、戻り[1,5]）が含まれる。また沿岸回遊型（沿岸滞泳型）には1歳の秋に降海して翌春に遡上するものや、1歳半の春に降海してその年の秋に遡上するものなどがいると考えられる。なお、サクラマスでは成長が極めて悪い劣位個体は降海型にならずに川に残留するが、これらは翌年に河川残留型か降海型に分化すると考えられるため[1]、本稿では未分化の魚として扱い、河川残留型には含めていない

11月に上流域から降河回遊行動を始めるが、海にまでは降りず、河口から数㎞程度の下流域で越冬すると翌年の4、5月頃に上流に向けて遡上行動を開始すると見られる[4)]。また、河川内回遊型には外見的に河川残留型のようにパーの特徴を備える個体群（主に生息河川の上流域で見られる）と、降海型の銀化魚のように体色が銀白色化し、海水適応能を備える個体群（主に下流域で見られる）の2タイプがいると考えられる[3,5)]。

2　降海型のバリエーション

次に、同様に降海型のバリエーションについて見てみる。前述したように、サクラマスの降海型は一般に1歳半の春に銀化変態を起こした後に海に降り、多くが太平洋、または日本海を北上して北海道の北側に抜け、オホーツク海周辺に向かう中で索餌回遊を行なうと考えられている[1,5)]（図2）。また降海型はこの間に成長を遂げて性成熟を開始し、約1年後（2歳半）の春に母川に遡上し、その年の秋に母川の上流域で産卵を行なう。

その一方で、東北地方太平洋沿岸（岩手県など）の一部の川では海に降りた後も母川河口域付近の沿岸で索餌回遊を行ない、数ヵ月後には川に遡上するといったように短期間・短距離のみの回遊を行なう、沿岸回遊型[3-5)]（または沿岸滞泳型）と呼ばれるタイプが見られる（図1）。また宮城県広瀬川の場合、沿岸回遊型の稚魚（銀化魚）は11～12月に降海し、冬の間はおもに仙台湾内で索餌回遊を行ない、翌年（1歳半）の4～6月に川に遡上すると考えられる[3,4)]。基本的には沿岸回遊型の回帰親魚の全長（40～50㎝）は海での回遊期間

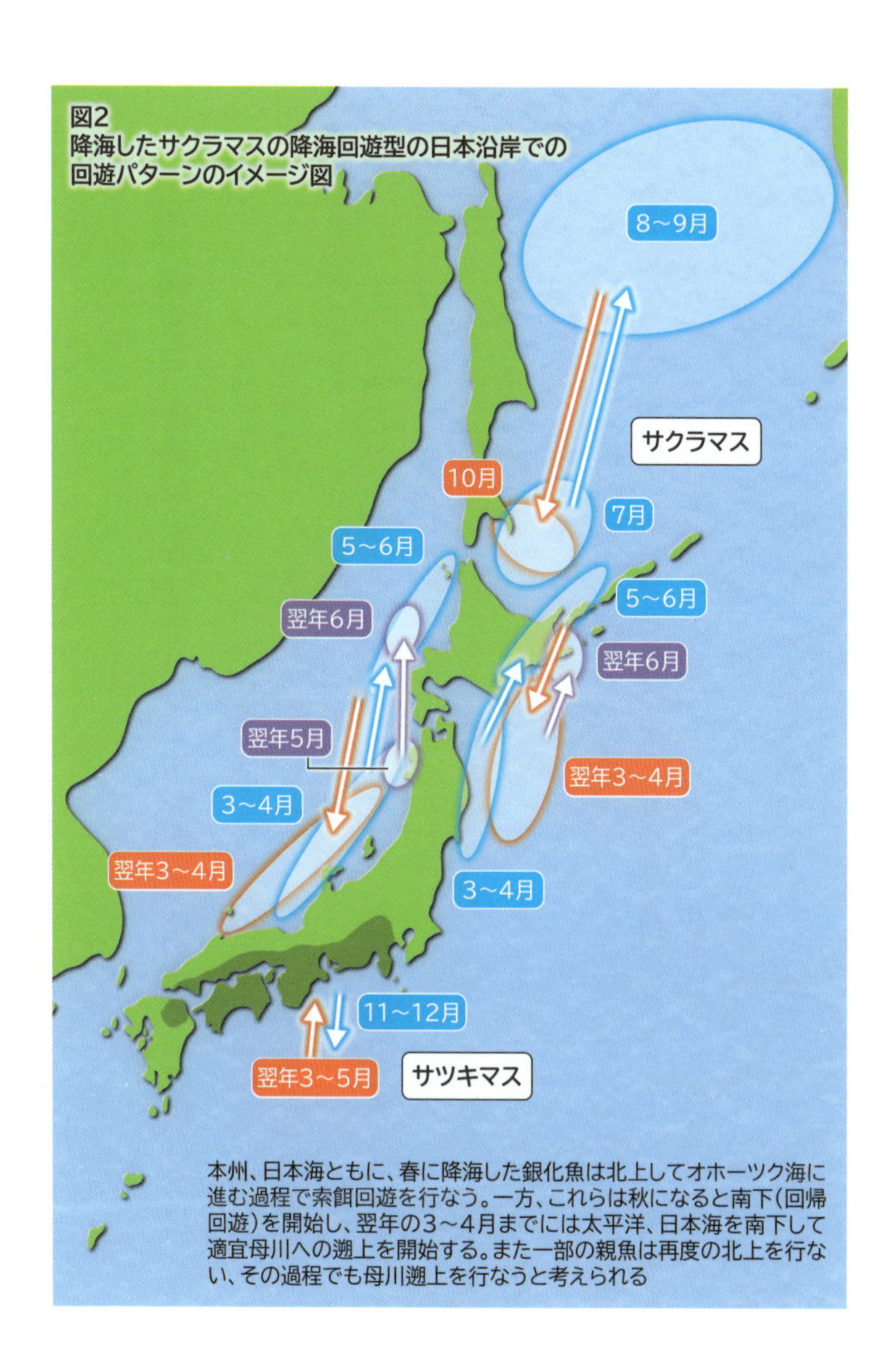
図2
降海したサクラマスの降海回遊型の日本沿岸での
回遊パターンのイメージ図
8～9月
サクラマス
10月
7月
5～6月
5～6月
翌年6月
翌年6月
翌年5月
翌年3～4月
3～4月
翌年3～4月
3～4月
11～12月
翌年3～5月
サツキマス
本州、日本海ともに、春に降海した銀化魚は北上してオホーツク海に
進む過程で索餌回遊を行なう。一方、これらは秋になると南下（回帰
回遊）を開始し、翌年の3～4月までには太平洋、日本海を南下して
適宜母川への遡上を開始する。また一部の親魚は再度の北上を行な
い、その過程でも母川遡上を行なうと考えられる

が短いためか、一般的な降海型（50〜60㎝）に比べるとひと回り体サイズが小さいことが知られている[3]。

3　河川残留型、降海型の生活史バリエーションが出現する要因はなにか？

このように、東北地方などの一部の川では典型的な河川残留型と降海型の間にいくつかのバリエーション（サブタイプ）が見られるが、これらはそれぞれどのような要因によって出現するのだろうか。

チャプター2でも解説したように、サクラマスの稚魚の一部が上流の産卵水域を離れて降海回遊を行なうのは、一般には摂餌場所をめぐるなわばり争いに敗れるなどして、その場所での充分な成長や性成熟が見込めなくなるからだと考えられる[2]。そのため、川の上流域は優位となった河川残留型によって占められる一方、劣位となった稚魚は新たな摂餌空間を求めて川の下流へと降るようになる。

ところがその際、東北地方などの年間水温の低い川や、比較的流程の長い川では降河回遊行動を開始した稚魚が途中の流域において再度、好適な摂餌環境を発見することがあると考えられる。こうした稚魚たちはあらためてそこでなわばり争いをくり広げ、優位となった稚魚がその場所に留まることで上述したような河川内回遊型となる可能性が考えられる（図1）[6]。このようにして劣位の稚魚は降河回遊行動を行なう過程で都度、摂餌空間を巡るなわばり争いを繰り返して一部が河川内回遊型に転じる一方、最後まで好適な摂餌空間を見出せなかった稚魚が海にまで降り、最終的に降海型になるのではないかと著者は考えている。

一方、海に入った降海型の稚魚においても、沿岸海域で短期間の回遊を行なう沿岸回遊型が出現するが、同じように考えると、これらの稚魚は降りた先の海の環境がよかったため、典型的な降海型のようにオホーツク海に向かわなくともその海域での成長と性成熟が見込まれ、沿岸回遊型になるのではないだろうか。

4 河川残留型、降海型の生活史バリエーションが意味するもの

このように、サクラマスでは河川残留型と典型的な降海型の間に、いくつかのサブタイプが出現することがうかがえる（図1）。端的にいうならば、一連のサブタイプは上流域から降河回遊を開始した稚魚の一部が川の中～下流域、あるいは沿岸海域に順次とどまることで派生するものと考えられる。そのようにとらえると、河川内回遊型の中でも外見的にパー（ヤマメ）の特徴を呈する暗褐色の稚魚は、主には上流域の河川残留型から派生したグループであり、銀化魚様の体色を呈する河川内回遊型は銀化変態を起こして降河回遊を行なう途中の稚魚（銀化魚）から派生したグループ（疑似スモルト・退行型スモルト・戻りに相当する魚[1]）ではないかと考えられる。

本チャプターの冒頭でも述べたように、サクラマスではこれまで、川（淡水域）と海（海水域）の接続点である河口域を物理的な境目として、大きく河川残留型と降海型の2相に

分かれると考えられてきた（図1）。そのような視点に立てば、ここで著者が提唱する河川内回遊型はいずれも河川残留型の一部として、また沿岸回遊型の稚魚は降海型の一部として振り分けられることになろう。だが、著者はこうした地形的な分類よりも生態学的背景をより重視しており、一連のサブタイプを基本的には優位個体か劣位個体のどちらかに振り分けることを提唱したい。つまり、上記のサブタイプは基本的には川の上流域に留まる河川残留型と、それ以外の一連のサブタイプからなる降河回遊型（河川内回遊型、沿岸回遊型、降海回遊型）のどちらかに分類できると考えている。なお、本書では以降、基本的にこれらの定義を中心に用いていく。

以上、これまでに述べたことを、簡単に整理してみたい。上述したように、川で生まれ、優位となったサクラマスの稚魚は河川残留型となり、そのまま産卵場付近での生活を続ける。一方、争いに敗れて劣位となった稚魚は銀化変態を起こし、川から海へと降海（降河）回遊を発現する。とくにこれらの点からこれまで、サクラマスでは劣位になった稚魚は基本的に海に向かうものと考えられており、降河回遊に先立って行なわれる銀化変態は、来たる海での生活に向けての準備だと考えられてきた。実際、サクラマスが生息する北半球高緯度域の海には降海型の稚魚を大きくするだけの充分な生産性があり、この点も劣位となった稚魚が積極的に海を目差すことの根拠の1つとされてきた[2)]。

一方、本チャプターで解説したように、サクラマスの稚魚は劣位となることで降海回遊をはじめるが、仮にこれらの稚魚が降海の途中で中～下流域に好適な摂餌空間を見つけることができた場合、稚魚は河川内回遊型となってその場所に留まり、それ以上の（海までの）降河行動を行なわなくなる可能性が高いと考えられる。つまり、サクラマスの降河回遊行動は最初から降海を前提としているわけではなく、本質的にはなるべく産卵水域に近い川の流域に新たな摂餌空間を探索するための行動（河川残留の代替戦略）として行なわれているのではないかと考えられる。その視点から見ると、彼らが行なう降海は、本質的には河川内で行なわれる降河回遊行動の延長線上（スピンオフ）の現象、とみることもできる。

サクラマスの河川内回遊型の成魚の2タイプ。上は河川残留型から、下は降海型から派生した、河川内回遊型と思われる

5　サクラマスの銀化変態の役割

さて、このように捉えると、サクラマスの降河回遊行動に先立って行なわれる銀化変態についても、役割の再考が必要となってくる。そのためにも、まずは銀化変態期以前の稚魚の生活史に関しても、あらためて眺めておきたい。

サクラマスの稚魚は、銀化変態を行なう前はパー（parr）と呼ばれ、体色は全体に暗褐色で体側にはパーマークと多数の黒点が見られる[1,5,6]。パーは川底の岩や倒木の周辺などをなわばりとしながら日々の摂餌行動を行なうので、この体色は捕食者などの外敵から見つかりにくくするためのカムフラージュ（防衛）体色だと考えられる[7]。パーはその後、成長とともに摂餌活動を活発化させ、ほかの稚魚となわばり争いを繰り広げるようになり、優位となった稚魚はそのままパーの体色となわばりを維持する。

一方、争いに敗れて劣位となった稚魚はそれまでの川底付近のなわばりから川の中〜表層や流心部へと追い立てられ、生活空間の背景がそれまでの〝礫や倒木〟からあらたに〝水柱〟（water column：一定の水の集合体のことを差す）になる時間が増えることになる[6]。また劣位の稚魚は同じ水域にい続けても以降の充分な成長が見込めないため、多くの個体が、他の個体が利用しないような流心部やより川幅の広い本流域へと移動（降河回遊）するようになる。

またこうしたことから、劣位の稚魚にとってはそれまでの暗褐色のパーの体色はむしろ不便となり、新たな背景である〝水〟にあわせて体色を銀白色化させたほうがより高いカムフラージュ効果を得られることが期待される。このように考えると、サクラマスの銀化変態の一部である体色の銀白色化はまだ見ぬ海での生活の準備というよりは、引き続き川

サクラマスの銀化変態前の稚魚（パー）

サクラマスの銀化魚

サクラマスが降河する宮城県広瀬川中流域（雪代増水中）

の流心や本流域で生息するための新たなカムフラージュ体色ととらえることもできる[7]。幸い、サクラマスなどでは体色の銀白色化に加えて、イトウ属やイワナ属の進化の段階で獲得された柔軟な浸透圧調節機構（海水適応能）が発現できたため、最終的には浸透圧の壁を乗り越えて海にまで〝降河〟することができたのではないかと考えられる。しかし、これまでの議論を踏まえる限り、サクラマスの一連の銀化変態は上述した降河回遊行動と同様、なるべく産卵水域に近い中～下流域に留まることを前提として行なわれている可能性が高いと考えられる。

6 サクラマスの降湖型

さて、ここまではサクラマスの河川残留型と降海型内に生じるバリエーション（サブタイプ）や、これらのサブタイプが出現する背景や意味について考察した。一方、サクラマスでは河川残留型、降海型に加えて、川から湖への回遊を行なう〝降湖型〟というバリエーションが出現することも知られている[7]。

現在、降湖型のサクラマスは川の上流域に建設されたダム湖などで多く見られるが、興味深いことに、湖内に生息している降湖型の魚は軒並み降海型のように体色が銀白色化し、高い海水適応能も備えているとされる[7]。それは、どのような背景によるのであろうか。

可能性の1つとしては、降湖型となる魚が産卵水域から降河回遊行動を開始する時点ですでに銀化変態を起こしており、あわせて高い海水適応能を備えた状態で降湖していること

降湖型の見られるダム湖（宮城県七ヶ宿湖）

中禅寺湖のホンマス

とが考えられる。仮にそうだとすると、サクラマスはやはり、海に降りるか否かに関わらず、降河回遊を開始する時点で体色の銀白色化や海水適応能を発達させている可能性が高い。

一方、もう1つの可能性として考えられるのは、仮にサクラマスがパーの状態で降河回遊行動を開始したとしても、川から湖に進入することに伴う環境の変化が引き金となって、体色の銀白色化や海水適応能が後づけ的に発達する可能性が考えられる。上述したように、降湖型が生息するダム湖の多くは近代になって川の上流域に構築された人工空間である。このような広大に水域にたまたま降河（降湖）した稚魚では、半ば強制的に周囲の環境（背景）が〝水柱〟となる。そのため、これらの稚魚は湖内において急遽、防衛効果を高めるために体色を銀白色化させ、あわせ

北海道ではどの海域でも降海したサクラマスをねらうことが可能。オホーツク海は遠浅のサーフが主な釣り場になる

て海水適応能も発達させるのではないかと考えられる。

たとえば、これに関連する知見として、中禅寺湖におけるホンマス（サクラマスとビワマスの交雑魚）の事例を挙げることができる。すなわち、ホンマスの0歳の稚魚（パー様の個体）を研究所の養殖池から取り出して中禅寺湖の流入河川に放流すると、ほとんどの稚魚が数日のうちに湖に降りるが、その後、湖で採捕されるホンマスの放流魚の大半は銀化魚様の銀白色の体色を呈していた（棟方－メモ）。この事例からうかがえるように、サクラマス群の稚魚はそこが塩分の高い海であるかどうかとは無関係に、主には背景の〝水〟や〝広い空間〟といった環境要因に合わせて銀化変態を発達させる可能性が想起される。いずれにせよ、サクラマスの銀化変態は降河回遊行動と連動して行なわれることが示唆される。ただし、繰り返すが降湖型の多くは近代に入って建設されたダム湖などの人工環境で観察されているが、現時点では本当にすべての個体が降湖の時点で海水適応能を発達させているかどうかについては確認できておらず、さらなる研究も必要である。

以上のように、サクラマスの稚魚の一部は河川内の環境（なわばり争いや環境収容力）に応じて川から海へと降河回遊行動を行なうが、その行動は必ずしも最初から海を目差して行なわれるものではなく、進化的には〝降海〟は〝降河〟の延長線上の行動として行なわれる（ようになった）ことが推察される。つまり、サクラマスが海で行なう回遊は、浸透圧の差や〝川〟と〝海〟という名称の違いを考慮しなければ、川からオホーツク海におよぶ〝長大な流れ〟の中で行なわれる降河回遊行動の一部分ととらえることができる。

引用文献

1 木曾克裕：二つの顔を持つ魚サクラマス．成山道書店，東京，2014，186pp.
2 棟方有宗：サクラマス その生涯と生活史戦略（2）サクラマスの降海回遊と環境要因．海洋と生物，232: 479-482, 2017.
3 棟方有宗，荻原英里奈，三浦剛，松田裕之：宮城県広瀬川におけるサクラマスの回遊行動多型．平成26年度日本水産学会春季大会，講演要旨集，81, 2014.

4 Munakata. A., Miura G., and Matsuda H.：Migratory behavior of resident masu salmon in a coastal river. 2nd international conference on fish telemetry, book of abstract, 97, 2013.

5 Munakata, A.：Migratory behaviors in masu salmons (Oncorhynchus masou) and the influence of endocrinological factor. Aqua BioScience monograph, 5(2): 29-65, 2012.

6 棟方有宗：コラム サケ科魚類のなわばり争いがもたらした新境地 ―銀化変態・回遊はなわばり争いの産物か―．*In*：ホルモンから見た生命現象と進化シリーズ第7巻 生体防御・社会性―守―（水澤寛太，矢田崇編），裳華房，東京，2016, pp. 215-217.

7 井田齊，奥山文弥：サケマス・イワナのわかる本．山と溪谷社，東京，2012, 247pp.

Chapter 4

降河回遊期以降の生活史

Life cycles after the downstream migratory period

本チャプターでは、河川残留型と降河回遊型が特に降河回遊期以降にどのような生活史を送るかについて解説する。

1　サクラマスの降河回遊期以降の生活史

これまで見てきたように、サクラマスでは河川残留型と降海型の中にそれぞれいくつかのバリエーション（サブタイプ）が見られる[1)]。著者はそれらを河川残留型（優位個体）と一連の降河回遊型（劣位個体）のどちらかに分類することを提唱した。

河川残留型や、一連の降河回遊型ではとくに降河回遊期以降の行動（生活史）が大きく異なると考えられる。たとえば河川残留型はそのまま産卵水域での生活を続けるのに対して、一連の降河回遊型は川の中流域や母川の沿岸海域、あるいはオホーツク海域まで回遊するといった違いが見られる[2)]。その点において、サクラマスの各サブタイプの稚魚は降河回遊期以降、全く異なるライフサイクルを送っているようにも見える。

性成熟したサクラマスの河川残留型の雄（堺淳撮影）

2　河川残留型の降河回遊期以降の生活史

河川残留型が多くみられる川の上流域では春になると産卵床から多くの稚魚（仔魚）が浮上するが、くり返されるなわばり争いの結果、最終的にはその場所の環境収容力にみあう数だけの河川残留型がなわばりを構え、余剰のエサが少ないタイトな環境での河川残留生活がスタートする。そのため、最初は優位であったはずの河川残留型の体サイズは産卵期をむかえる秋頃にはほとんどの降河回遊型に追い越されてしまい、産卵時に不利な立ち位置となることが予想される[2)]。なかでも満1歳で産卵に加わる早熟雄ではその傾向が強いと考えられる。しかし、早熟雄の一部はこの劣勢を、スニーキング（忍び寄るという意味）と呼ばれる繁殖行動（戦略）によって克服することがわかっている[3)]。スニーカーとなった早熟雄は、降河回遊型の雌雄のペアが産卵の準備の行動を行なう間は周囲の物陰などに身を潜め、ペアが放卵、放精を行なうタイミングに乗じて産卵床内に侵入して放精することで、高い繁殖成功をおさめることができる。逆説的に考えれば、このような小さい体サイズと少ない投資で産卵行動を行なう戦略をもつため、サクラマスでは雄の多くが河川に残留するものと考えられる。

3 河川内回遊型の降河回遊期以降の生活史

前述のように、河川内回遊型には河川残留型から派生するパー様の個体群と、川を降りる途中の降河回遊型から派生する銀化魚様の個体群がいると考えられる。

たとえば、パー様の河川内回遊型の前身とみられる河川残留型は成長の見込みが立てば川の上流に残留するが、これらはその後も摂餌空間をめぐって熾烈ななわばり争いを繰り返すため、その過程で劣位に転落した個体の一部が不定期に河川内回遊になると推察される。

一方、降河回遊型から派生すると思われる銀化魚様の河川内回遊型は、降河回遊行動を行なう途中の中〜下流域で新たな摂餌環境やなわばりを見つけ、成長と性成熟の見込みが立つために以降の降河回遊行動を行なわなくなると考えられる。これまで、サクラマスやサツキマスでは銀化魚様の体色を示しているのに海に降りない疑似銀化（疑似スモルト）や、戻り、戻りシラメ（長良川水系）といった個体群がいることが示唆されていたが、これらはいずれも銀化魚様の河川内回遊型ではないかと著者は考えている。

4　沿岸回遊型の降河回遊期以降の生活史

川から海に降りた銀化魚の一部がオホーツク海に向かわず、母川付近の海域で索餌回遊を行なうようになる沿岸回遊型は、川で劣位となるなどの理由で降りた海の環境が成長に向いているために、以降そのまま沿岸海域に留まるようになる個体群だと推察される（図1）。ただし、これらの個体群が沿岸海域に〝残留〟するためには摂餌環境が整っているだけでは不充分であり、とくにこの間、海水温が本種の生息適水温内にあることが必須と思われる。たとえば、岩手県の三陸沿岸などでは春に降海して沿岸海域で越夏し、秋に川に遡上すると考えられる沿岸回遊型の存在が標識放流調査で示されているが（棟方－メモ）、背景にはその海域が夏でもさほど高水温にならないことも関係していると推察される。

また、広瀬川の沿岸回遊型は1歳の秋に降海して沿岸海域で越冬し、翌年の春に川に遡上すると考えられるが、仙台湾周辺の沿岸海域は秋から春にかけての水温が低く、かつこの間の摂餌環境が良好であるためにこれらの沿岸回遊型が出現するものと推察される。

なお、後述するように、このような1歳の秋に降海する沿岸回遊型は、一般にはサツキマス（*O. masou ishikawae*）において観察されている。それは、本種が生息する長良川（岐阜県）や太田川（広島県）などの温暖な地域の川では春に海に降りると降海先である伊勢湾や瀬戸内海の海水温が以降に急上昇するため、その海域に留まることも、黒潮流域を抜

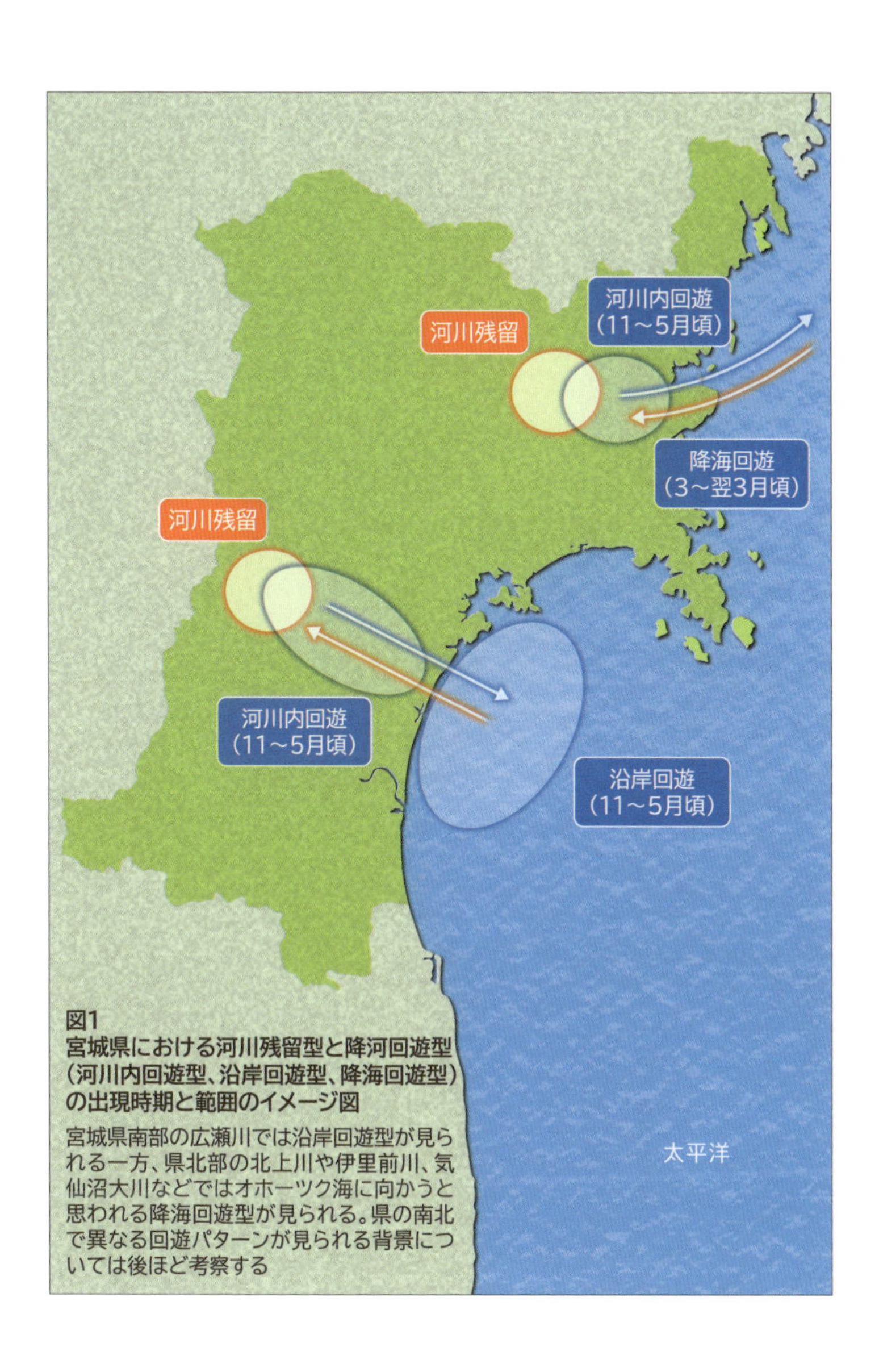

図1
宮城県における河川残留型と降河回遊型(河川内回遊型、沿岸回遊型、降海回遊型)の出現時期と範囲のイメージ図
宮城県南部の広瀬川では沿岸回遊型が見られる一方、県北部の北上川や伊里前川、気仙沼大川などではオホーツク海に向かうと思われる降海回遊型が見られる。県の南北で異なる回遊パターンが見られる背景については後ほど考察する

けて北洋に北上することも困難なためではないかと考えられる。反面、これらの海域の水温は秋から春の間は低いため、サツキマスでは秋に降海する沿岸回遊型が主流になっていると推察される。後述するように、仙台湾の沿岸回遊型についてもほぼ同じことが起こっている可能性が考えられる。

5　降海回遊型の降河回遊期以降の生活史

サクラマスの中でも典型的な降海型である降海回遊型は、1歳半の春に海に降りたあとは太平洋、または日本海を北上してオホーツク海などに向かう中で索餌回遊を行なうと考えられている（図1）。その際、稚魚は日本海では主に対馬暖流の流れに沿って海域を北上するのに対して、太平洋では津軽暖流、または親潮の分流を逆行して海域を北上する格好になる。なぜ稚魚は、どちらの海域でも潮流によらずに北に向かうのだろうか。

すでに何回かふれているように、サクラマスの稚魚は好適な摂餌環境が得られず、環境が不向きの場合には産卵水域を離れて川を下流へと移動し、好適な摂餌環境が得られればその水域に留まって索餌を行なうようになると考えられる。このことから類推すると、降海回遊型の稚魚の場合は降りた海の環境が何らかの理由で成長などに不向きなために、その環境を忌避する格好で海域を北上し、かたや北上した海域（主にオホーツク海）が成長に適する場合はその水域に留まって索餌回遊を行なうようになるものと考えられる。

上記の現象（海域の北上）において、稚魚が実際にどのような環境要因を忌避して海域を北上しているかは定かではないが、可能性としては夏以降の海水温の上昇が考えられる。つまり、稚魚が降海する太平洋や日本海では通常は潮流の向きによらず、春から夏にかけて南から順に水温が高くなる[4)]。そのため、稚魚は主にはこれを嫌って海域を北上するのではないだろうか。一方、前述したように北半球では北に行くほど海域の生産性が高くなる傾向があるため、これまで稚魚は、エサが多い海域を求めて北上するとの仮説も提唱されてきた。しかし、客観的にみれば稚魚はどちらの方角によいエサ場があるかは判断できないため、やはりプライマリーに効いているのは海水温だと思われる。ただし、ひとたび海域を北上した稚魚は低水温環境と同時に良好なエサ場にたどり着く可能性も増えるため、以降はそのまま北に向かう索餌回遊を続けると考えられる。

一方、夏の間に海域を北上した稚魚の一部は、冬にかけて今度は大きく南下し、三陸沖や鳥取・島根沖海域などに出現することが示されている。これらの稚魚は、北上の時とは反対に、今度は冬の海水温の急激な低下を避けつつ、好適な摂餌環境を選択した結果としてこの海域へと（越冬）回遊するのではないかと考えられる。

6　降河回遊型の母川回帰・遡上回遊行動

このように、一連の降河回遊型のサブタイプは川の中流域からオホーツク海などに至る広い範囲で索餌回遊を行なうが、上述のとおり、ほとんどの個体は性成熟の開始とともに母川に向けた回帰行動や、河口域から母川の産卵水域への遡上回遊を行なう。

この際、降海回遊型や沿岸回遊型が母川に進入するタイミングは河川規模によって異なる傾向が見られる。たとえば東北地方であれば、北上川や雄物川、赤川といった比較的流程の長い大～中規模河川への遡上が早春（1、2月）から始まるのに対して、流程の短い小規模河川ではまとまった数での遡上が晩春（4～6月）に行なわれる傾向が見られる。これは、端的には流程の長い川では河口域から産卵水域までの距離が長いので、その分、親魚が川への進入を開始するタイミングが早くなるため、との仮説を立てることもできる。しかし、たとえ親魚が早春に母川に進入したとしても、本種の産卵が行なわれるのは9～10月頃とかなり先であり、また本種が遡上する日本の川は長くても200㎞程度と、北米の太平洋サケ遡上河川と比べると比較的短い。したがって、必ずしも産卵水域までの距離が遡上タイミングの早晩に影響を及ぼすことはないように思われる。

代わりに考えられる可能性として、サクラマスは本質的には川に残留して（産卵水域で）産卵期を迎えることを志向しており、たとえ降河回遊を行なった場合にも、性成熟が開始された後はなるべく産卵水域に近づいておこうとする習性がはたらくのではないだろうか。そのため、上述した大〜中規模の河川ではなるべく早く産卵水域に近づいておくという意味で、早春に第1段階の遡上回遊が行なわれるものと考えられる。その一方で、降海回遊型の親魚の体サイズは50〜60㎝と大きく、その巨体を産卵期まで隠す（防衛する）ことが困難なため、流程の短い小規模河川では母川への遡上のタイミングが海水温が上がる夏の直前（あるいは秋）にまでずれ込み、産卵期の直前に一気に遡上回遊が行なわれるのではないだろうか。

一方、上述した、早春に大〜中規模の河川に進入した親魚たちも、ただちに上流の産卵水域まで遡上することはまれであり、多くは中流域での越夏を挟んで夏〜秋に第2段目の遡上回遊を行なうことが示されている。おそらく、このような行動も体サイズが大きい降海型の親魚が産卵期の直前までは中〜下流域に身を隠す、防衛策の一環ではないかと考えられる。

7 成熟親魚の摂餌行動

最後に、サクラマスの降海回遊型の親魚が母川遡上後に摂餌を行なうか否かについて、考察する。これまでのいくつかの文献によると、母川に回帰した降海回遊型の親魚は基本的には摂餌を行なわない（ほとんどが空胃）とされてきた。その根拠の1つに、親魚が海

降海回遊型の河川遡上親魚の腸内の走査型電子顕微鏡像。矢印(白い綿様物)は餌が消化されてできた糞便を示す（水野伸也撮影）

での摂餌回遊で最終成熟や産卵行動に必要なエネルギーを充分に蓄えたうえで遡上回遊を開始する、という考え方がある。この考えに従えば、サクラマスは性成熟を開始して川を遡上する間はほぼ摂餌行動を行なわないことになる。しかし、本稿で述べたように、本種の降河回遊型には降海回遊型のほかにも河川内回遊型や沿岸回遊型といったバリエーションが見られるが、これらの親魚の胃内からは水生昆虫（幼虫）などの餌生物が比較的多く見つかっており、降海型の親魚だけがエサを食べないという見立ては、生理学的には当てはまらないと考えられる。

また、降海回遊型の親魚が川に遡上した後にエサを食べなくなることのもう1つの根拠として、親魚がエサを消化するための消化酵素を持たない、という説もよく聞かれる。しかし、北海道立総合研究機構さけます・内水

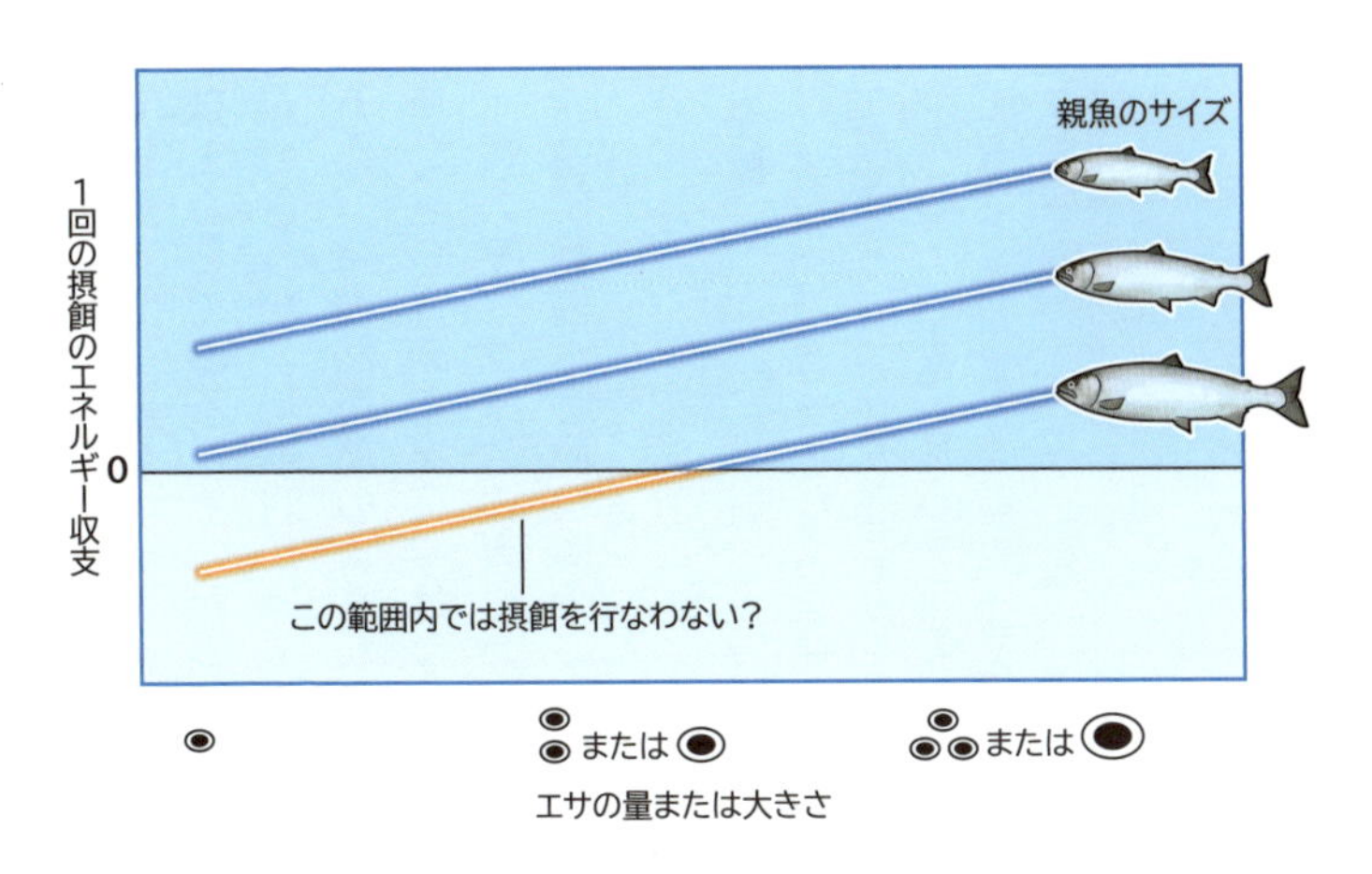

図2　サクラマスの降海回遊型の親魚が摂餌行動を行なうか否かの概念図

面水産試験場の水野伸也博士の観察によれば、川に遡上した降海型の親魚の一部では胃内に餌生物と思われる固形物が見られ、かつそれらの腸内にはエサが消化されてできたと思われる糞便が見られることが報告されている(右頁写真)。つまり、降海型の親魚もまた、河川内回遊型や沿岸回遊型、河川残留型の親魚と同様、餌生物を捕食し、消化できることが示唆される。

ではなぜ、複数のバリエーションがある降河回遊型のなかでも、とくに降海回遊型の親魚の摂餌の有無がクローズアップされるのだろうか。ここで、サクラマスにとっての摂餌環境を考えると、川の中の餌生物のほとんどは、体サイズが大きい降海回遊型の回帰親魚からみるとかなり小型ということになる。つまり、親魚はある程度大量の、あるいは大型の餌生物を効率よく補食できる状況でなければ、摂餌を行なうことでかえって余計なエネルギーを消費しかねないことになる（図2）。また摂餌行動は防衛の面でも自身の体を外敵に見つかりやすくするなど、不利に働くことがほとんどである。そのため、サクラマスはどの回遊型の親魚でも川での摂餌を行なうことができるが、基本的にはエネルギーの収支がプラスとなる好条件のエサ以外は捕食しないため、降海回遊型のような大型の親魚ほど我々からは摂餌を行なっている様子が確認され難いというのが実情ではないだろうか。

本稿のサクラマスの親魚の摂餌行動については、北海道立総合研究機構さけます・内水面水産試験場水野伸也博士に重要なデータを提供頂いた。ここにお礼申し上げる。

引用文献

1 棟方有宗：サクラマス　その生涯と生活史戦略（3）．海洋と生物，233: 617-620, 2017.
2 木曾克裕：二つの顔を持つ魚サクラマス．成山道書店，東京，2014，186 pp.
3 サケ・マスの生態と進化（前川光司 編）：文一総合出版，東京，2004, 335 pp.
4 気象庁：海洋の健康診断表　総合診断表（第2版）(https://www.data.jma.go.jp/kaiyou/shindan/sougou/index.html)．

コラム

3

降海後の摂餌内容（降海型はミノーで釣れる？）

北海道の日本海の地磯で釣れたコンディションのよいサクラマス。銀色に輝く魚体と力強い引きが釣り人たちを魅了する

サクラマス（ヤマメ）の稚魚は川では主にはカゲロウやカワゲラ、トビケラなどの水生昆虫類や、河畔林から落ちてくる落下昆虫類、あるいはウグイやアユなどの川魚を食べることが知られている。また稚魚は基本的には一年を通して昆虫類を食べる割合が高いことも知られている。つまり、川にいるサクラマスの稚魚は、基本的には昆虫を主食とする〝昆虫食性〟の魚類だといえる。

では、川から海に降りた降海回遊型の銀化魚たちは海では主にどのようなエサを食べているのだろうか。残念ながら今回、海に降りたばかりの日本海、太平洋の稚魚の情報は手に入らなかったが、北海道沿岸で見られる稚魚（若い成魚）は12～1月頃、主にオキアミや端脚類（ワレカラやヨコエビ）、カイアシ類といったプランクトンや、カタクチイワシ、イカナゴ、アイナメ、カジカなどの魚類、イカ類、ならびに魚卵を多く食べていることがわかっている。またそれぞれの割合はどのようになっているかというと、調査した月によっても若干異なるが、魚類が全体の60〜85％（重量比）を占めていることが多く、次いで多いのがプランクトン類（2〜8％）、イカ類（0・5〜7％）となっており、明らかにフィッシュイーター化していることがわかる。また面白いのは、イカ類がサクラマスでも重要なエサとなっている点である。以前、北米にはイカばかりを食べて身の色が白くなる〝ホワイトキングサーモン〟が一定数、水揚げされるとの話を聞き、イカが結構重要なことはうすうす感じていたが、サクラマスでも同様のようである。

一方、これらよりも少し後の3〜5月の北海道沿岸の成魚では魚類が全体の4割ほど、プランクトンが4〜5割、イカ類が1割ほどとなっていた。つまり、海のサクラマスではこの時期の主食も魚類であるということと、少ないながらもイカ類も重要なエサであることがわかる。ちなみに、この時の魚類としては、カタクチイワシ（*Engraulis japonicus*）、エソ（*Maurolicus japonicus*）、サンマ（*Cololabis saira*）、ハタハタ（*Ammodytes personatus*）、イカナゴ（*Ammodytes personatus*）、ホッケ（*Pleurogrammus azonus*）、アイナメの仲間（*Hexagrammos sp.*）、ヨコスジカジカの仲間（*Hemilepidotus sp.*）が出現している。

以上のデータから、サクラマスは川から海に降りると明らかにそれまでの昆虫食性から魚食性に転換していることがわかる。ただ、それが川と海域でとりうる餌メニューの組成が変わるのか、それともサクラマスが海では積極的に魚をねらうようになることでそのような比率になるのかは、よくわかっていない。いずれにしてもMatch the baitの観点に立てば沿岸域や河川遡上直後のサクラマスを釣りでねらう際にはイワシやキビナゴナどの魚類を彷彿とさせるルアーやフライを使うのが、選択肢の1つといえそうだ。

Chapter 5

降河回遊行動の生理的調節機構

Physiological mechanisms of downstream migratory behavior

本チャプターでは降河回遊行動の調節に与るサクラマスの生理的機構について見ていく。

1　降河回遊型に分化する生理的機構

前回までに述べたように、サクラマスの稚魚では川（産卵水域）での成長や性成熟の見込みがたつかどうかによって、河川残留型となるか、降河回遊型となるかが決まると考えられる。ではそれは、生理学的にはいつ、どのようにして決まるのだろうか。

稚魚が降河回遊型となる生理的なきっかけの1つは、稚魚が産卵床から浮上し、活発に摂餌を行なうようになる春頃におとずれると考えられる。著者らの観察によると、なわばり争いに敗れて劣位となった稚魚はそのままだと充分なエサがとれなくなるため、一時的な飢餓状態に陥る[1)]。すると、それらの稚魚では飢餓という生理的状態を受けて、ホルモンの一種である成長ホルモンの血中量が大きく上昇する。成長ホルモンは、サケ科魚類の稚魚では体成長や摂餌行動、あるいは摂餌行動の際の大胆さを促進する生理因子であることが知られている[1)]。つまり、飢餓状態に陥り、成長ホルモンが分泌されることで、劣位の稚魚では生理的に摂餌行動が刺激されようになり、場合によっては周囲の優位個体に競り勝つレベルで活発に摂餌行動を行なうようになると考えられる。その結果、摂餌が活発化した劣位な稚魚では同じ成長ホルモンによって体成長も刺激されるため、場合によっては周囲にいる優位個体との優劣関係の逆転が起こると考えられる（次頁図1）。また、こうして飢餓から脱して優位個体になると、これらの稚魚の成長ホルモン量は減少しはじめ、今度は元の優位個体が劣位に転落したことで成長ホルモン量が増加し、その作用によってふたたび優位個体に返り咲くこともあると考えられる。このように、川では成長ホルモンの作用によって稚魚の優劣関係がある程度の頻度で入れ替わることがあり、それが川の中でそれなりに多くの稚魚が生残し、極端に偏ることなく成長できるようになる生理的な背景になっていると考えられる。

ところが、サクラマスの稚魚間ではそうした安定状態は長く続くことはなく、その後は稚魚が構えたなわばりの良否といったファクターに連動して稚魚間の優劣の差が一方的に開き、次第に関係の固定化が進むことで以降の逆転現象が極めて起こりにくくなる（図1）。その結果、劣位となった稚魚ではある時期を境に、銀化変態が開始されるものと思われる。

2　サクラマスの銀化変態の生理的機構

一般に、サクラマスの銀化変態は1歳の冬から1歳半の春の降河回遊期までの間に行なわれる[2)]。後述するように、それは劣位となった稚魚が降河回遊（下流域への逃避）を開

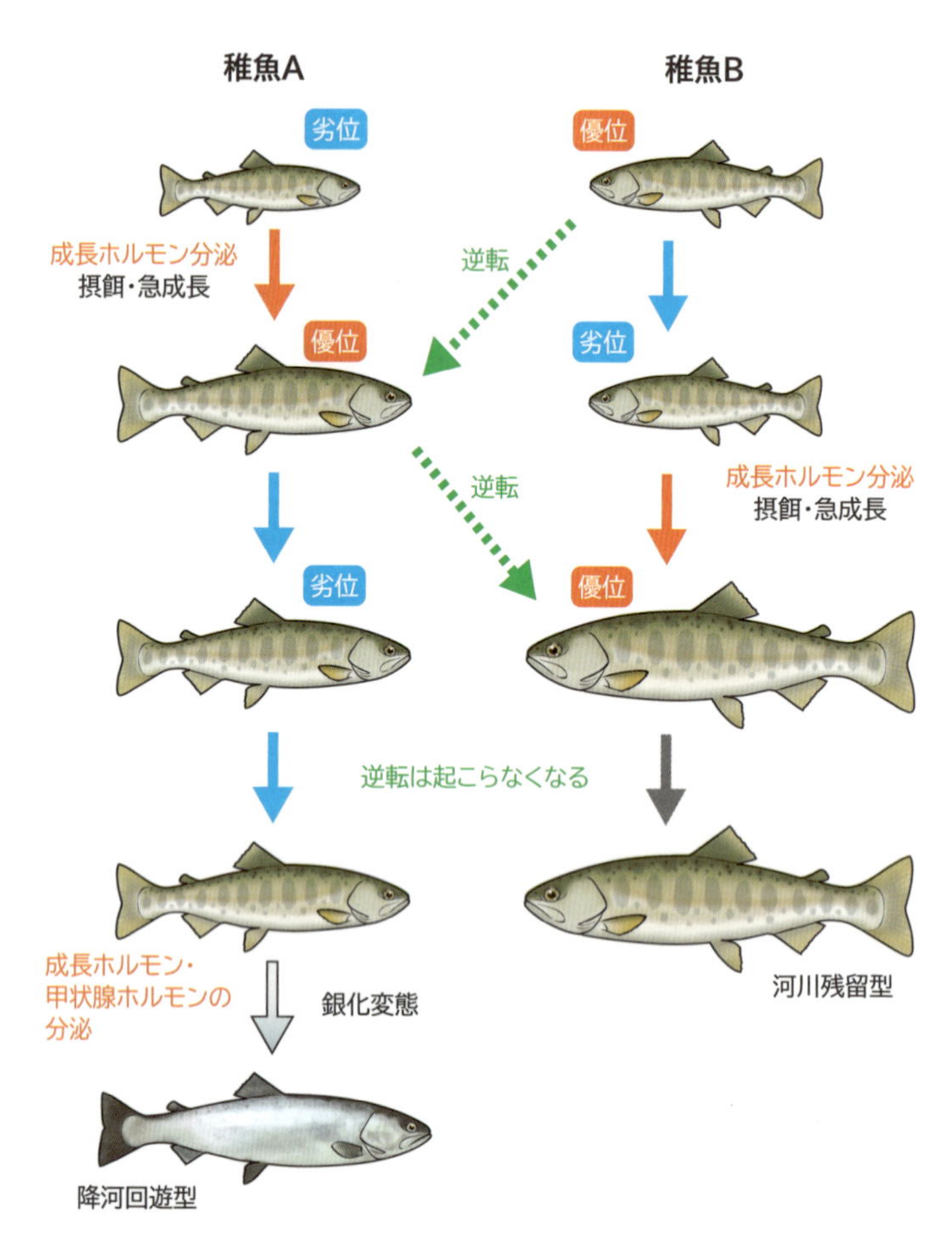

図1　サクラマスの稚魚において個体間の成長の格差が付きにくくなるためのメカニズム

なわばり争いなどで劣位となった稚魚において成長ホルモンが増加し、摂餌が活発化することで優位個体との逆転が起こる、という現象が繰り返される。しかし、あるレベルを境に優劣が固定化され、劣位の個体は銀化変態を開始する

表1　銀化変態前と銀化変態時のホルモンの機能の変化

種類	銀化変態前	銀化変態時
成長ホルモン	摂餌・成長の促進	塩類細胞の増殖・分化 体型のスリム化
甲状腺ホルモン	代謝の促進	グアニンの蓄積 体型のスリム化
コルチゾル	ストレス応答	塩類細胞の分化

（銀化変態前と銀化変態時のホルモンの機能の変化。成長ホルモンは体成長の促進を通して、甲状腺ホルモンは代謝の促進を通して稚魚の体型のスリム化（脊椎骨の伸長）に関与すると考えられる[3]。また成長ホルモンとコルチゾルは、それぞれ鰓の塩類細胞の増殖と分化を促進すると考えられる[4]）

始するか否かを決める生理的な〝臨界期〟がこの間におとずれるためだと考えられる。なお、サツキマス（*O. masou ishikawae*）の場合は銀化変態は1歳の秋までに行なわれるが[2]、それは、これらの稚魚では銀化変態を開始するかどうかを決定する〝臨界期〟がサクラマスよりも早くおとずれるためだと推察される。同じサクラマス群内で銀化変態の開始時期（臨界期）が異なる要因については、のちほど改めて議論したい。

すでに簡単にふれたように、サクラマスなどの銀化変態は成長ホルモンや甲状腺ホルモンの一種であるサイロキシン（T4）、副腎皮質ホルモンの一種であるコルチゾルなどのいくつかのホルモンによって生理的に調節されることがわかっている[1,3,4]。たとえば成長ホルモンやサイロキシンといったホルモンは稚魚の背骨（脊椎骨）の伸長[3]や、腹部の体表へのグアニン色素（銀白色の粒子）の沈着[1]を促進する（表1）。そのため、サクラマスの銀化魚では体型がスリムになるとともに体色がそれまでのパーの暗褐色から光沢のある銀白色へと変貌する。また成長ホルモンやコルチゾルは稚魚のエラに作用して海水適応能の発達（エラ上皮の塩類細胞の増殖や分化）[4)]や、後述する降河回遊行動の発現にも関与することが示されている。

このように、サクラマスでは数種類のホルモンによって銀化変態に特有の現象が発現する。では、そもそもなぜサクラマスなどではここに挙げた複数のホルモン（ホルモン群）が銀化変態を起こすようになった（進化した）のだろうか。つまり、上述した成長ホルモンやサイロキシン、コルチゾルといったホルモンはサケ科魚類が進化の過程で銀化変態を行なうようになる前から彼ら（魚類）の体内に存在しており、次述するように本来はそれぞれが銀化変態とは全く別の現象に関わっていたものが、後になって新たに銀化変態にも関わるようになったものと考えられている。

考えられるのが、サクラマスの稚魚では銀化変態とは別の背景で増加し、なんらかの別の機能を果たしていたこれらのホルモン群がその機能の延長線上として銀化変態も起こすようになった、という可能性である。たとえば、前述したように銀化変態の直前、劣位となった稚魚では飢餓状態に陥ることで成長ホルモンの血中量が増加している。その際、稚魚は飢餓状態にあっても体内の生理的バランスを一定レベルに保つため、恒常性を維持するはたらきを持つとされるサイロキシンの分泌量も増加するものと推察される。また劣位の稚魚はなわばり争いや飢餓などの諸々のストレスに曝されているため、ストレス応答ホルモンであるコルチゾルも増加しやすい生理状態にあるといえる。

一方、劣位となった稚魚の多くはそのままでは飢餓状態などのストレスから脱することが困難となるため、基本的にはより好適な摂餌場所やなわばりなどの新たな環境を求めて主に下流域へと降河回遊を行なうようになると考えられる。またその際、これらの稚魚では強い流れの中でも泳ぎやすいスリムな体型となっているほうが、引き続きその川の中～下流域で生息する上で有利となる。また降河回遊を行なう際には体色のカムフラージュ（防衛）のための背景がそれまでの〝砂利〟から〝水柱〟となる場面が多くなるため、体色の銀白色化も有効となる。さらに、これらの稚魚の多くは降河回遊行動の延長で、海（海水域）にまで降りることもあり得る。このような状況にうまく対応するために、すでに別の形で増加していた成長ホルモンや甲状腺ホルモン、コルチゾルが体型のスリム化や体色の銀白色化、海水適応能の発達、さらには後述するように降河回遊行動の発現を調節するようになったのだとしたら、大変に合理的で興味深い進化だったといえる。

3　降河回遊行動の役割とは

このように、サクラマスなどのサケ科魚では川で劣位となるなどの背景で増加するホルモン群によって、銀化変態が誘起されるようになったと考えられるが、近年ではこれらのホルモンが続いて行なわれる降河回遊行動の発現にも関与することが示されている。

上述したように、サクラマスの劣位の稚魚はなわばり争いでの敗北や摂餌量の減少のため、いわばその場所からの降河回遊を行なわざるを得ない局面に追い込まれていることになる。しかし、稚魚はたとえ発端がネガティブな理由であったとしても、ひとたび降河回遊を行なう方向に傾いたならば、新たな水域での成長と性成熟を最適化するべく、降河回遊を新たな戦略（脱出）として積極的に発現する方向に、かじを切っているのではないかと、著者は考えている。

たとえば、その証拠としてはやはり、降河回遊に先だって、銀化変態が起こることが挙げられる。このような複雑な形態、生理的変化が事前に行なわれるということは、稚魚は降河回遊を首尾よく行なうため、周到に降河回遊の準備を行なっているものと考えられる。また、もう1つの証拠として、サクラマス群では一般に、体サイズ（成長速度）が大きい（一定の体サイズに達した）稚魚ほどより早く銀化変態[5]や降河回遊行動[6]を発現できるという、臨界点仮説が提唱されていることが挙げられる。この臨界点仮説とは、銀化変態を行なう際、稚魚は必ず一定の体サイズ以上に成長していることが必要となる、という考え方である。つまり、一般にサクラマスでは川の中で劣位となり、河川残留型よりも体成長が遅れた小型の稚魚が銀化変態を行なうと考えられているが、そうした稚魚が銀化変態を行なうためには、それでも一定のボーダー（臨界点）を超えて成長していることが必要になると考えられる。その背景には、大型の稚魚ほど短時間で銀化変態を完成させるエネルギーをもつといった、純然たる生理的な要因が絡んでいる可能性もある。しかし、生態学的観点からはこれらの稚魚が無理に小型の河川残留魚となってその場での生活を続けるよりも、ある時点からはなるべく早く銀化魚に変態し、条件が残っているうちにより早く川を降りる方向へと自身のマインドを切り替えているようにも見える。

つまり、稚魚たちはどうせ川を降らざるを得ないのであればほかの個体に先んじて下流域に移動（降河）するほうが流域で新たな環境を見いだし、河川内回遊型となってふたたび優位個体となるチャンスを増やそうとしているものと考えられる。もしも、サクラマスの進化の段階でこのような降河回遊の（負から正方向への）動機付けの転換が起きたのだとしたら、それは以降に誕生した太平洋サケ属の降海回遊拡大の転機となった可能性も考えられる。

4　降河回遊行動の生理的機構

このように、サクラマスは銀化変態を行なった後は首尾よく降河回遊を行なうため、種々の（好適・不適な）環境要因に乗じてこの行動を発現するものと考えられる（つまり、降河回遊行動は単に川の増水で流されてしまうといった受け身の行動ではなく、積極的な逃避・脱出行動〈戦略〉として発現するものと考えられる）。

著者らが観察を行なってきた岩手県の気仙川では、サクラマスは3〜4月に銀化変態を完成させて降河回遊行動を発現するが、この間、まとまった数の降河回遊は複数の時日に分散して（パケット状に）起こることが明らかとなった。このことから、降河回遊行動はこの時期（春）に周期的に出現する環境条件と、それらを内的な行動調節因子に変換する生理的機構とによって協調的に調節されると推察された。

たとえば、これまでの研究ではサクラマスやギンザケ（*O. kisutch*）などの銀化魚が、春の新月時にサイロキシンの一過的な血中量の上昇（サージ）を起こすことが報告されている[7]。このことから銀化魚では、銀化変態後に迎える新月などの環境刺激が体内でサイロキシンの血中量上昇に変換されて、降河回遊行動が誘起される可能性が示唆されてきた。しかし後年、著者らがサクラマスの銀化魚にサイロキシンを投与しても、降河回遊行動は引き起こされないことが実験的に示されている。これらの結果も含め、現時点ではサイロキシンなどの甲状腺ホルモンは降河回遊行動の発現を引き起こす直接的な因子（trigger）ではないと考えられている[8]。

なお、余談であるが、著者らが行なったバイオテレメトリー研究では(チャプター8、17)、サクラマスの銀化魚はこれまでいわれている新月時だけでなく、満月の周辺にも降河回遊を行なう可能性が示されている（棟方－メモ）（この時に甲状腺ホルモンのサージが起こったか否かは未確認）。これまで、新月の周辺で銀化魚が川を降ることには月照の暗さが外敵を避けるためにも好都合だからといった仮説が提示されているが、著者の研究結果を踏まえると、むしろ銀化魚では新月、満月の双方に通じる要因、たとえば月齢による潮汐リズムの変化（大潮）などが降河回遊の発現に関係する可能性も指摘しておきたい。

一方、サクラマスの銀化魚では降河回遊期になると、新月かどうかに関わらずサイロキシンの血中量が数日間にわたって増加することも示されている[8]。またこうしてサイロキシンが増加している銀化魚ではその間にコルチゾルの血中量が断続的に（数時間のオーダーで）増減することも判明している。また、著者らが全長20mの実験水路を用いて行動観察実験を行なったところ、銀化魚の体内にコルチゾルを投与すると、降河回遊行動が極めて高い頻度で引き起こされることが明らかとなった[9]。これらの結果から、降河回遊行動は直接的にはコルチゾルによって引き金が引かれるようになっている可能性が高いと考えられた。また、上述したサイロキシンは間接的にコルチゾルを増加させることで外部の環境刺激に対する感受性を調節する〝必要条件（requirement）〟の役割を演じているものと推察されている。

以上、ここまでの知見を整理する。サクラマスの稚魚は川の中で劣位となることで成長ホルモンや甲状腺ホルモン、コルチゾルなどの血中量が上昇し、それらのホルモンによって一連の銀化変態が誘起される。気仙川での観察では銀化変態が進行する過程で一度、甲状腺ホルモンの血中量は減少するが[8]、変態が完成するとふたたび増加するようになる。そして、この間に何らかの外部環境刺激によってコルチゾルの増加が起こり、降河回遊行動が誘起される生理的仕掛けになっていると考えられる。

上述したように、コルチゾルはもともとは種々の環境ストレスに応答して増加する〝ストレスホルモン〟であることが知られている[1,8]。サクラマスの劣位の稚魚は初期稚魚の段階からなわばり争いなどの多大なストレスに曝されることから、銀化魚の降河回遊行動にも個体間作用のストレスが影響を及ぼす可能性が考えられている。しかし、実際に降河回遊行動の発現に個体間作用が影響するとしても、それは河川残留型と降河回遊型の生息エリアが重なっている、降河回遊の初期の時点だけと考えられる。つまり、最初は個体間作用のストレスによって引き金が引かれるとしても、行動は途中からは個体間作用以外のストレスによって、発現が刺激されるものと考えられる。これに関しては、すでにサケ科魚類では河川水の濁りや水温の急低下といった環境刺激によってコルチゾルの血中量が増加することがわかっている8)。このことから、銀化魚では春に特有の雪解けによる増水や濁り、あるいは水温低下などの環境刺激が体内でコルチゾルの血中量上昇に変換され、その生理的作用で降河回遊行動が発現するものと考えられる。

5 降河回遊行動の抑制機構

一方で、サクラマスでは優位となった稚魚は河川残留型となって川での成長と性成熟（早熟）を進め、そのまま産卵期まで川での生活を続けるようになる。

すでにふれたように、河川残留型の稚魚が銀化変態や降河回遊行動を発現することなく河川生活を続けることには、性成熟や産卵行動を調節する生理的機構である〝生殖内分泌系〟が深く関係していると考えられる。一般に、生殖内分泌系は脳の視床下部から分泌される生殖腺刺激ホルモン放出ホルモン（GnRH）と呼ばれるホルモンや、脳下垂体から分泌される生殖腺刺激ホルモン（FSH、LH）、雌雄の生殖腺（卵巣・精巣）から分泌される性ホルモン（性ステロイドホルモンとも呼ぶ）で構成される。

機械的に表現すれば、サクラマスはこれらの生殖内分泌系のホルモンが活発化すればそのまま河川に残留し、ホルモンの働きが少なくなれば、銀化変態や降河回遊行動を行なうようにマインドが切り替わるといえる。つまり、銀化変態や降河回遊行動の発現は生理的には生殖内分泌系によって機械的（抑制的）に調節されていることになる。またサクラマスは生理的にはこの生殖内分泌系による抑制が効かなくなることで、銀化変態や降河回遊を行なうようになるとも言える。

著者らの実験水路での行動実験によると、主に銀化変態や降河回遊の発現を抑制的に調節しているホルモンは、雌雄の生殖腺から分泌されるテストステロン（T）（雄性ホルモン（ヒトでいうと男性ホルモンの一種））などの性ホルモンだと考えられる[9)]。また、可能性としてはテストステロンだけでなく、GnRH や FSH、LH も銀化変態や降河回遊行動を抑制するものと推察される。これらの生殖内分泌系が稚魚の成長の良否に応じてＯＮとＯＦＦを切り替えながら、川から海に至る流域に河川残留型、降河回遊型、沿岸回遊型、降海回遊型を適宜出現させるのではないかと著者は考えている。

本稿のサクラマスの銀化変態の生理的機構の項については、北海道大学、清水宗敬博士にご助言を頂いた。ここにお礼申し上げる。

引用文献

1 棟方有宗：魚類のなわばりと防御行動. *In*：ホルモンから見た生命現象と進化シリーズ第7巻 生 体防御・社会性－守－（水澤寛太，矢田崇編），裳華房，東京，2016, pp 203-215.

2 棟方有宗：サクラマスその生涯と生活史戦略（1）．海洋と生物，231: 376-379, 2017.

3 Higgs, D., Fagerlund, U., Mcbride, J., Dye, H., Donaldson, E. ： Influence of combination of bovine growth hormone, 17α - methyletestosterone, and L- thyroxine on growth of yearling coho salmon (Oncorhynchus kisutch). Canadian J. zool., 55(6):1048-1056,1977.

4 McCormick, S. D. ： Endocrine control of osmoregulation in teleost fish. American Zoology, 41: 781–794, 2001.

5 Kuwada T., Tokuhara T., Shimizu M., Yoshizaki G. ： Body size is the primary regulator affecting commencement of smolting in amago salmon Oncorhynchus masou ishikawae. Fish. Sci., 82: 59-71, 2016.

6 棟方有宗，新房由紀子，佐藤大介，矢田崇：体型とホルモンによるホンマスの降河行動の事前予測．平成30年度日本水産学会春季大会講演要旨集，30, 2018.

7 Grau E.G., Dickhoff W.W., Nishioka R.S., Bern H.A., Folmar L.C.: Lunar phasing of the thyroxine surge preparatory to seaward migration of salmonid fish. Science, 211: 607-609. 1981.

8 棟方有宗：サクラマスの降河回遊行動の生理的調節機構．海洋と生物，221: 558-562, 2015.

9 Munakata A. ： Migratory behaviors in masu salmons (Oncorhynchus masou) and the influence of endocrinological factor. Aqua BioScience monograph, 5(2): 29-65, 2012.

ミニコラム 1 テントとカヌーの頃

「サクラマスは銀化変態を行なうと川を降って海に向かう」。これは、この研究を始めた頃の私にとっては最初に学ぶべき定理の1つだった。実際、研究所内に全長20mの人工水路を作り、その上流にサクラマスの銀化魚を放ったところ、実験魚たちは1週間もたたないうちに水路を降った。ただし、1年目は。実は、2年目以降は数週間待っても銀化魚たちがほとんど水路を降りない事態に直面した。そうなると疑心暗鬼の始まりで、人工水路の注水バルブをミリ単位でいじったり、はては目の前の銀化魚が銀色なだけの全く別の生き物に思えたりもした。日中の観察が終わると、はやく実験のことを忘れたくて、行く予定もない登山道具を買い出しに行ったり、夜な夜な部屋の中にテントを張ったり、週末は隣の県までカヌーを漕ぎに出かけたりしていた。だが、しばらくして、もしかしたらサクラマスはただ銀化魚になったからといって無条件に降河回遊を行なうわけではないのかもしれない、と思い至るようになった。つまり、「サクラマスは本来、川を降りたくない」という現在の仮説にそこで出会った。今からすると30年ほど前、ちょうど本チャプターで紹介した降河回遊の研究を、日光の山の上で行なっていた学生時代のことである。

Chapter 6

遡上回遊・産卵行動の生理的調節機構

Physiological mechanisms of upstream migratory and spawning behavior

本チャプターでは前のチャプターの降河回遊に続き、遡上回遊・産卵行動の生理的調節機構について概観する。

1 サクラマスの河川残留と遡上回遊

前述したように、サクラマスは川の中で良好な成長を遂げるめどが立たなくなった劣位の個体が銀化変態と、川の下流域への降河回遊行動を行なうようになる。一方、一連の降河回遊型の魚は秋には川の上流域で産卵を行なうため、性成熟が開始されるとともに今度は海から母川河口域への回帰や、河口域から産卵水域への遡上回遊を発現するようになる。ただし、彼らは性成熟を開始したからといって、ただちに産卵水域に遡上するわけではない（図1）。成熟親魚が産卵水域に到達するのは基本的には産卵期の直前の秋であり、ほとんどの親魚は少し下流の中流域の淵などの深場で越夏する。つまり、遡上回遊は春から夏までに行なわれる中流域までの回遊（第1段階）と、夏から秋にかけて行なわれる中流域から産卵水域までの回遊（第2段階）の2段階がある。秋の第2段階の遡上は、川の規

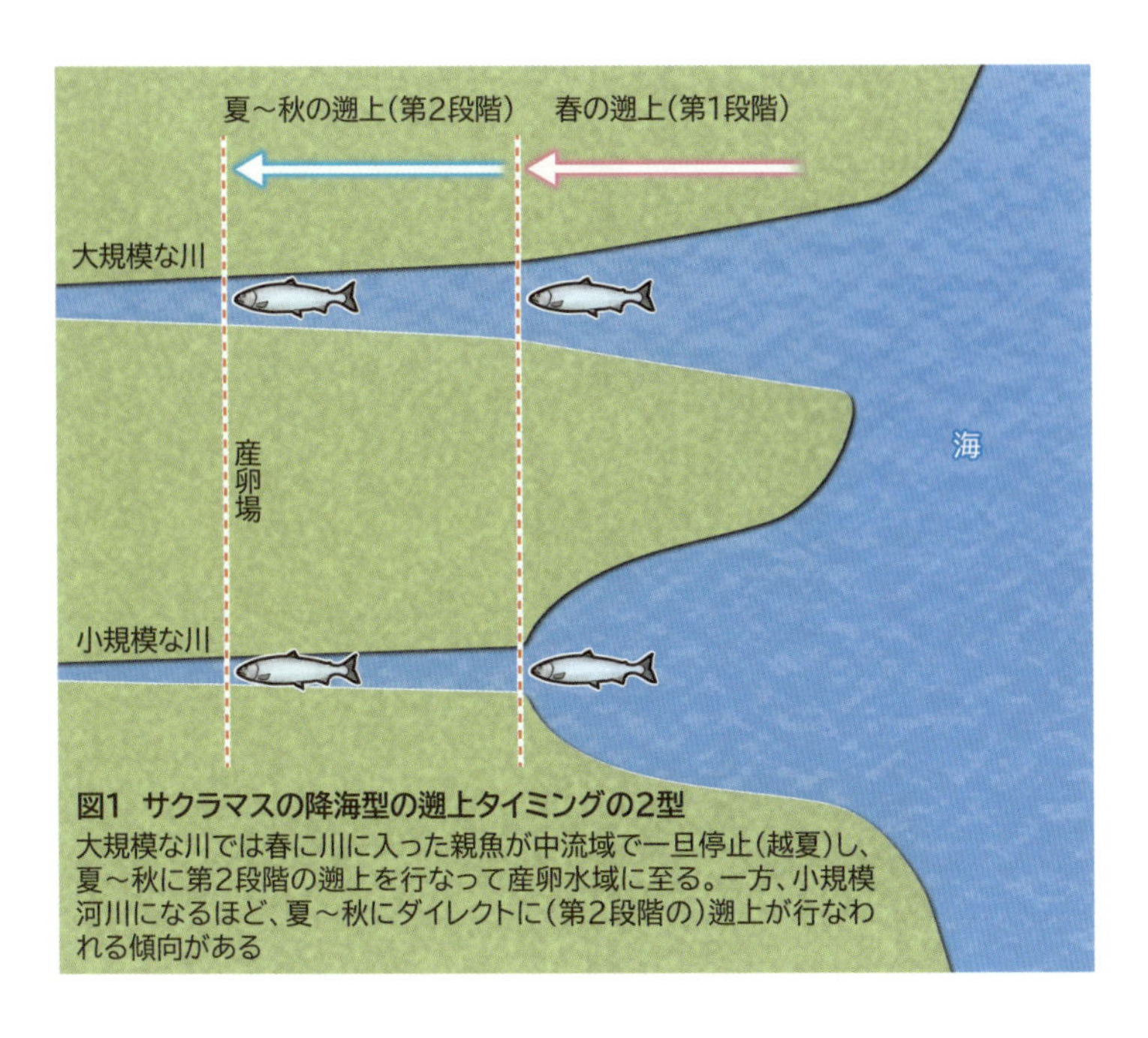

図1　サクラマスの降海型の遡上タイミングの2型
大規模な川では春に川に入った親魚が中流域で一旦停止（越夏）し、夏～秋に第2段階の遡上を行なって産卵水域に至る。一方、小規模河川になるほど、夏～秋にダイレクトに（第2段階の）遡上が行なわれる傾向がある

模によらず、ほとんどの降河回遊型で同じ時期（産卵期の直前）になるが、中流域までの第1段階の遡上は川の規模などによって早春～初夏のいずれかのタイミングで行なわれる。

なお余談であるが、岩手県の三陸沿岸河川などの一部の川では例外的に秋にダイレクトに海から遡上回遊を行なう親魚も見られる[1]。おそらくこの現象には付近の海岸がリアス海岸であることや、河口域付近の地形が急峻で夏でも比較的水温が低いことなどが関係していると思われる。つまり、リアス海岸は河川形態的に下流域を持たない（中～下流域が海中に沈んでいる）起伏に富んだ海底地形のため、夏の水温が低いことと相まって、母川に接岸した親魚がそのまま河口域周辺の深場を越夏場所と見立てて滞泳し、秋にそこから2段階目の遡上回遊を発現するものと考えられる（なお、この現象からも、サクラマスの成熟親魚は秋までは海水〈または汽水〉中でも浸透圧調節を行なうことが可能なことも示唆される）。

チャプター5でも述べたように、サクラマスの河川残留現象（降河回遊を行なわないこと）は、主に生殖内分泌系によって調節されており、生理学的にはこの機構が稚魚たちを秋の産卵期まで産卵水域にい続けさせていると考えられる[2)]。また、次述するように海から母川河口域への回帰や、河口域から産卵水域への2段階の遡上回遊行動も、同じく生殖内分泌系によって発現が促進されると考えられる。つまり、河川残留や回帰、遡上回遊行動は本質的にはいずれも同じ生理的機構によって駆動される行動であり、行動の方向性（産卵場所での定位、産卵場所への遡河）は異なれどもいずれも性成熟を開始した親魚を秋までに産卵水域にいさせるという共通の役割を担っているといえる。

2　遡上回遊行動の生理的調節機構

母川への回帰や遡上回遊行動の発現を調節する生殖内分泌系のホルモンとしては、雌雄の生殖腺から放出される性ホルモンや[2)]、脳の視床下部から放出されるGnRHなどが知られている[3)]。たとえば、性ホルモンの一種であるテストステロン（T）をサクラマスの未成熟魚（雌雄）、あるいは早熟雄から外科的に生殖腺（精巣）を摘出した実験魚（去勢雄）に投与して実験水路に放流すると、対照群よりも高い頻度で水路の上流側へと遡上するようになる[2)]。同様の効果は、11‐ケトテストステロン（Tから誘導される雄性ホルモン）やエストラジオール‐17β（Tから誘導される雌性ホルモン）といった性ホルモンでも見られる。

このように、遡上回遊は複数の性ホルモンによって発現が促進されるが、このことには性ホルモンの本来の役割が、生殖腺（卵巣・精巣）の成熟の調節であることが関係すると思われる。すなわち、数ヵ月間にもおよぶ卵巣や精巣の性成熟の過程では、分泌される性ホルモンの種類や量が少しずつ変化しながら、段階的に卵や精子の発達が促されていく。つまり、一定の期間内に次々とホルモンが交代していく。そのため、海から河口域への回帰や河口域から産卵場への遡上といった、のべ半年以上にわたって行なわれる一連の回遊行動では、その間に進行する性成熟の過程に合わせて分泌される性ホルモンの種類や血中量も次々と変化する。そうなっても滞りなく行動が行なわれるように、回帰や遡上回遊の調節にもあらかじめ複数の性ホルモンが関わるようになっているものと考えられる。それらの性ホルモンの中でも、特にTは生殖腺の性成熟が進む間、雌雄どちらにおいても長期間にわたって分泌される。このことからTは遡上回遊行動の調節においても最も中心的な役割を果たすものと考えられる。

また、遡上回遊の発現頻度は、投与するTの量に応じて段階的に増加する傾向が見られる[2)]。たとえば、4つのグループに分けた未成熟なサクラマスにそれぞれTを0、5、50、

広瀬川に遡上したサクラマス親魚（珍しいオス）

あるいは500μg／尾ずつ投与すると、投与量が多いグループの個体ほど活発に遡上回遊を発現するようになる。このことから、回帰や遡上回遊はTの血中濃度の増加（性成熟の進行）とともに活発になることがうかがえる。

ただし、実験魚は投与によって性ホルモンが増加しているだけでは、充分に遡上回遊を発現しないこともわかっている。たとえば、水路で行動を見ていると、遡上回遊は夕方から夜間にかけての暗期の時間帯や、降雨による濁りや増水が生じている間によく見られる。

このことから、単に性ホルモンの濃度が高いだけでは行動は引き起こされないような仕掛けとなっていることがうかがえる。つまり、実際に遡上回遊行動の引き金（trigger）を引くのは暗期や増水、濁りなどの外部環境刺激であり、Tなどの性ホルモンは外部環境のtriggerに対する感受性を増強させる、行動の必要条件（requirement）の役割を担っていると考えられる。

なお、GnRHにはヒメマス（*O. nerka*）親魚の回帰・遡上回遊行動を促進する作用があることが報告されているが[3)]、著者らが未成熟なヒメマスにGnRHを投与しても、顕著な効果は見られなかった（棟方−メモ）。この結果から、GnRHには回帰や遡上回遊行動を直接誘起する作用はなく、もしあるとすれば性ホルモンなどのほかの生殖内分泌系の生理因子のはたらきを修飾する役割が考えられる。

3 回帰・遡上回遊のナビゲーションの機構

太平洋サケの回帰や遡上回遊行動を論じる上で、産卵水域への航法（navigation）は興味深いテーマである。現在では、外洋から河口域までの回帰行動において磁気コンパスや太陽コンパスなどが複合的に機能する可能性が示されている[4)]。また、母川河口域への接岸時（母川の判別）や母川遡上後の支川や産卵水域の判別は、主に嗅覚や視覚によるとの説が提唱され、精力的な研究が行なわれてきた。

その一方で、著者はサクラマスなどのサケ科魚類ではこれらの航法を円滑に機能させるため、川から海への回遊の往路（降河回遊）の際、稚魚は通過する河川内の要所の景色や匂いを連続的（あるいはプロット的）に記憶（記銘）し、復路の遡上回遊の際に自分の現在地を把握するための道標または地図を作成しているのではないかと考えている。たとえば、これに関連する経験として、著者らが宮城県広瀬川でサクラマスの降河回遊魚を採捕して音波タグ標識を施し、５００ｍほど下流にある堰堤の下まで車で運んで放流したところ、この個体は翌日には採捕された元の生息場所に戻っていたことがあった（棟方−メモ）。これは、サクラマスが景色や匂いで自分が放流された場所（現在位置）がどこであるかを記憶の情報と照らし合わせて割り出し、さらには自分がもともといた生息域（この場合は上流方向）に、記憶を頼りに戻る能力を備えているように見えるが、真相はどうであろうか。

その一方で、上記のような道標、または地図を作成する作業が海の中でも行なわれるかどうかについては、現時点ではほとんどわかっていない。しかし、サクラマスなどのサケ科魚類が淡水魚起源であるとの視点に立てば、進化的には河川内で行なえていることはそのまま海の中でも行なわれるようになっているとも考えられる。つまり、サクラマスなどの降海回遊型が海の中でも川の時と同様の記銘の作業を行なっている可能性は、充分に考えられる。たとえば、サクラマスの降海回遊型は降海後の春以降、主に海水温の上昇を忌避するかたちで太平洋・日本海を北上すると考えられるが、その際に通過する海域の水温や水質、潮流、潮目などの情報を連続的に記憶し、回帰時にはそれを手がかり（道標）に南下してくるのではないだろうか。もちろん、これらのサクラマスが回帰の際に往路と同じ経路で戻ってくるわけではないとも考えられるが、それでも上記の作業を行なっておくことで、ある程度は回帰時の航法の手がかりにできる可能性は考えられる。あるいは、これを別の角度からとらえると、仮に往路の際に記銘した潮流や水温の構造が回帰時に大きく乱れていると、メインのナビゲーションツールである磁気コンパスや太陽コンパスに機能しがたいズレが生じ、次述する迷入現象が起こるのかもしれない。

4 迷入の機構 迷入はなぜ起こるのか

サクラマスやシロサケなどでは、成熟親魚が母川以外の川に遡上してしまう、〝迷入〟と呼ばれる現象がしばしば起こる。その要因の1つとしては、上述したように回帰時に海域の水温や水質、潮流などの構造が大きく変化することで、親魚が本来の母川にうまく航行できなくなってしまう可能性が考えられる。たとえば、２００９年の秋に、シロサケの親魚が千葉県茂原市や神奈川県藤沢市といった、東京湾から相模湾岸にかけての非母川に大量遡上する事例があった[5)]。実はこの年、本来は関東から東北地方沿岸に沿って北上する黒潮の流れが大きく沖合に離れ、その隙間に食い込むように、親潮が関東地方まで南下していたことが報告されている。つまり、本来は岩手から福島県あたりに到達する親潮のフロントが少し南にずれたことで、シロサケの航法が攪乱されたものと推察される。

一方、もう1つの迷入の要因としては、親魚が本来の母川での産卵に間に合わなくなり、緊急避難的に手近なほかの川に遡上（迷入）する可能性があると考えられる。たとえば著者らは、栃木県中禅寺湖でヒメマスの回帰機構を調べるため、一度は母川と考えられる川に遡上した親魚を採捕して個体標識し、ホルモン測定用の採血を行なった後に船で湖の沖に運んで放流する実験を行なった。その結果、最初の実験群（9月下旬に放流）は、放流後もふたたび高い精度で一度遡上した川（母川）に戻ったのに対して、産卵期直前の10月上旬に放流した実験群は、大半が放流地点から最も近い別の川に遡上（迷入）したのである（棟方ら―メモ）。

この時、ヒメマスの親魚の体内では何が起こっていたのであろうか。たとえば、サケ科魚類の雌の親魚では産卵期の直前に、性ホルモンの一種である17,20β-dihydroxy-4-pregnene-3-one（DHP）の血中量が一過的に増加する。これは、雌が産卵に備えて排卵を起こしたためであるため、ＤＨＰは生理的には排卵が起こったことを示すサインと見なされている。上述した実験では、ＤＨＰの血中量は9月下旬の最初の実験群では低かったのに対して、10月上旬の実験群では放流の時点で前者より約2倍の高い値を示していた。つまり、10月上旬の実験群は中禅寺湖の沖に放流された時点ですでに排卵を開始していたため、遅滞なく産卵を行なうことを最優先して最寄りの川に遡上したのではないかと推察される。またこの現象からさらにいえることとして、ヒメマスなどのサケ科魚類は本来は性成熟の進度をカウントダウンタイマーとして、産卵期（排卵）に間に合うように時間を逆算して回帰や遡上回遊を行なうものと考えられる。そして、この逆算による遡上回遊が成功するためにも、親魚は脳内に自分の現在位置や産卵水域までの残りの距離や時間を把握するための簡便な地図を持っていることが必要と考えられる。

いずれにせよ、何らかの理由で起こる迷入は、進化的にはサケ科魚類の生息範囲の拡大の原動力の1つとなった可能性が高い。

5 サクラマスの産卵行動

回帰や遡上回遊を行ない、産卵水域に集まったサクラマスの親魚は、秋に産卵を行なう。産卵の際にはまず雌が産卵床（redd）を掘り起こすための造床行動であるディギング（digging）を開始する（次頁図2）[6]。Diggingは、受精卵の発生と孵化稚魚の生残のため、新鮮な水（と酸素）が浸透する砂礫底で行なわれる。行動の際、雌は体を弓なりに折り曲げ、それが元に戻る時の反動を使って尾ビレで砂礫を跳ね上げ、産卵床を掘り起こす。また雌はdiggingを繰り返している間、定期的に産卵床の深さや形状、底質（砂利の粒度など）を確認する必要がある。そこで雌は背中を反らせるようにして腹ビレで川底を触診する、プロービング（probing）も織り交ぜるようになる。

一方、雄はこの間、diggingを行なう雌と産卵床が含まれる空間になわばりを構え、これらを侵害しようとする同種や異種の個体に攻撃（attacking）を加えて、雌を独占しようとする。また雄はdiggingしている雌に対しては求愛行動〈寄り添い〉(attending)、身震い（quivering）を発現する[6]。

こうして産卵床が完成すると、雌雄は横並びとなり、ともに背中を反らせるようにして産卵床の上に沈み込み（crouching）、雌は放卵（egg release）、雄は放精（sperm release）する。その後、雌は産み落とされた卵（受精卵）を保護するため、今度は砂礫で産卵床を埋め戻すカバーリング（covering）を行なって、一通りの産卵行動が終了する。雌雄は、同様の行動を、場所を変えながら数回にわたって繰り返す。なお、サクラマスでは河川残留型や河川内回遊型が数年にわたって産卵を行なうのに対して、沿岸回遊型や降海回遊型の親魚は基本的に1シーズン限りの産卵を行なったあとに死亡する[1)]。

図2　サクラマスなどの太平洋サケの産卵行動

本種ではまず雌がdiggingとprobingを繰り返して産卵床を掘り起こす。その間、雄は雌に求愛するとともに、外敵に対しては攻撃(attacking)を行なう。雌雄は放卵(egg release)・放精(sperm release)し、最後に雌がカバーリング(covering)で卵を埋める

6 産卵行動の生理的調節機構

サクラマスの雌の産卵行動であるdiggingを調節する生理的因子としては、チャプター5でも紹介したテストステロン（T）が知られている[2,6)]。著者らがサクラマスの未成熟雌にTを投与し、産卵環境を模した水槽（砂利を敷きつめ、適度な流れを付したもの）で行動を観察したところ、この雌は体内に成熟した卵を持っていないにもかかわらず、高い頻度でdiggingを発現した[6)]。

一方、雄の産卵行動であるattendingやquiveringも、同じくTの投与によって発現することが判明している。このように、サクラマスは雌雄の産卵行動がどちらも同じTという性ホルモンによって促進されるようになっていることがうかがえる。

ここで、生物学的には1つの疑問が生じる。一般に、多くの動物の産卵行動は、雄と雌で大きく異なっている。そのため、哺乳類などの多くの動物では基本的に雌の性行動は雌性ホルモンによって、雄の性行動は雄性ホルモンによって誘起されるようになっていることが多い。つまり、同じホルモン（T）によって雌雄の性行動が発現される機構は、今のところサケ科魚類でしか報告されていない。このように、同じTによって雌雄別々の性行動が発現するメカニズムについては、よくわかっていないが、現時点ではサケ科魚類では脳内の産卵行動の調節中枢が雌雄で明瞭に性分化していることで、同じホルモンによって異なる行動が引き起こされるようになっている可能性が考えられている。

さて、上述した遡上回遊と同様、サクラマスの雌雄の産卵行動も、Tなどの性ホルモンの血中量が増加しているだけでは発現しないようになっている。たとえば雌の親魚は単にTを投与して水槽に入れただけではdiggingは発現せず、水槽に適度な流れと掘り起こす砂礫があることではじめてこの行動を起こすようになる[6)]。また雄は産卵を行なう対象となる雌親魚が近くにいることではじめて、attendingやquiveringを発現するようになる。このような機構は、性ホルモンの血中量が高い成熟親魚が川の下流や中流域で遡上回遊を行なう間は産卵行動を誤作動しないようにするための、生理的な安全装置の役割を果たしていると考えられる。

以上のように、サクラマスなどでは外洋から母川の産卵水域への移動を担う〝回帰〟や〝遡上回遊〟、さらには産卵水域で行なわれる一連の産卵行動が同じTなどの性ホルモンによって調節されている。このことは、回帰や遡上回遊が産卵行動の一部分、あるいは産卵の前段階の行動として機能していることのあらわれとも考えられる。

引用文献

1 木曾克裕：二つの顔を持つ魚サクラマス，成山道書店，東京，2014, 186 pp.

2 Munakata A. : Migratory behaviors in masu salmons (Oncorhynchus masou) and the influence of endocrinological factor. Aqua BioScience monograph, 5(2): 29-65, 2012.

3 Sato A., Ueda H., Fukaya M., Kaeriyama M., Zohar Y., Urano A., Yamauchi K.：Sexual differences in homing profiles and shortening of homing duration by gonadotropin-releasing hormone analog implantation in lacustrine sockeye salmon (Oncorhynchus nerka) in Lake Shikotsu. Zool. Sci., 14: 1009-1014, 1997.
4 上田宏：サケの母川記銘・回帰機構に関する生理学的研究．比較内分泌学，37(140): 5-13, 2011.
5 朝日新聞：異変首都圏サケ遡上．朝日新聞 朝刊．２００９年11月23日．
6 棟方有宗，小林牧人：サケ科魚類の回遊・産卵行動におけるホルモンの役割．*In*：魚類の行動研究と水産資源管理（棟方有宗，小林牧人，有元貴文 編），恒星社厚生閣，東京，pp. 9-27, 2013.

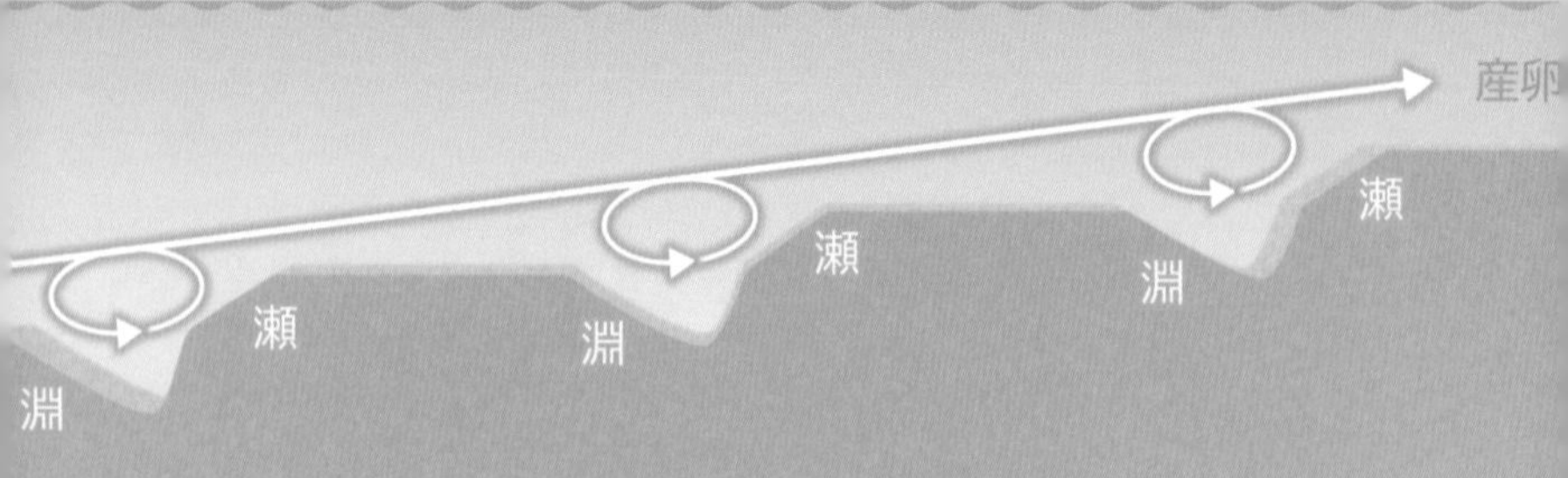

第2章
回遊行動の生態

Chapter 7

サクラマス群の稚魚期の河川内における生態

Life of juvenile masu salmon in rivers

第2章では、主にサクラマス群の稚魚の降河回遊に影響を及ぼす川での生態について考察する。本チャプターではまず、サクラマスの稚魚期の生態について見ていく。

1 稚魚期の同種内個体間作用の影響

サクラマスやサツキマスなどの稚魚は上流域の産卵場で孵化したあと、主に水生昆虫や落下陸生昆虫などを摂餌するようになる。しかしその際、川の中ではエサの量やエサを採りやすい場所（環境収容力）が限られる。そのため稚魚は好適な摂餌空間をめぐってなわばり争いを繰り広げるようになると考えられる。この競争の過程で成長と性成熟の見込みが立った優位個体がのちに河川残留型となることについては、すでに何度か触れてきた[1)]。

ある川における河川残留型の単位水域あたりの適正生息尾数（尾／㎥）は、その流域の環境収容力（エサの供給量、摂餌空間の多さなど）と、それらを占有しようとする稚魚の尾数や個体間作用によってある範囲に決まり、実際の生息尾数もその付近に落ち着くと考えられる。一般的には環境収容力が低く、競合する異魚種の個体が多い川ほどサクラマスの適正生息尾数は少なくなり、稚魚の生息密度も低くなることになる。

一方、川では季節によってエサの供給量が変動（季節変動）を示すことが多く、またこの間に稚魚たちは成長して徐々に摂餌要求量が増えていくことになる。そのため、河川残留型の適正生息尾数は最初にある範囲に落ち着いたあとも変動し、生息尾数が適正な範囲を超えた場合には再度の個体間の調整がなされるものと考えられる。つまり、生息尾数の調整は最初の調整以後も何回か繰り返され、またその過程で適正生息数の枠をはみ出した個体からは断続的に劣位個体が生じ、その都度これらの稚魚の下流域などへの逃避行動が起こるものと考えられる。

2 夏の水温上昇の影響

一方、川ではエサの供給量だけではなく、水温なども季節によって変動するため、こうしたファクターもまた河川残留型の適正生息尾数や生息密度に影響を及ぼすと考えられる。上述したようにエサの供給量や個体間作用によって生息尾数が調整された場合、劣位となった稚魚は基本的には上・下流の両方向に逃避し得るため（基本的には下流への逃避が多いが[2]）、流域内の各エリアでは稚魚の個体数が適正生息尾数の範囲から大きく逸脱したり、生息密度が極端に増えたりすることはないと考えられる。その一方で、夏に水温が上がった場合、冷水性のサケ科魚類であるサクラマスの稚魚はほとんどがより水温が低い上流域や支流域へと移動することが、著者らの行動実験によって示されている[3]。そのため、とくに夏の間は水温が高くなるにしたがって上・支流域の生息密度が増加し、適正範囲を上回る過密状態になることがあると考えられる。また通常、上流域では夏期の餌生物の供給量が不安定になるため、サクラマス群の稚魚の生息環境はさらに過酷となり、とくにこの間に多くの稚魚が劣位個体に転落すると考えられる（しかもこの間、劣位個体は高水温のために下流に降ることもできない状態がしばらく続くことになる）。

さて、こうして夏をやり過ごした劣位の稚魚は、秋に水温が低下することでようやく（生理的に）中～下流域に移動できるようになり、生息密度は徐々に低くなる方向に向かうと推察される。しかし、夏までに充分に成長できず、その場所での性成熟が見込めなくなってしまった劣位稚魚の多くは夏以降に生活史戦略を転換して銀化変態を行ない、中～下流域への降河回遊を行なうようになると考えられる。後述するように、サツキマスはその年（1歳）の秋～冬に、サクラマスは翌年（1歳半）の春に降河回遊を行なうようになる[4)]。

3　異魚種間の個体間作用の影響

このように、サクラマスやサツキマスは環境収容力や同種内の個体間作用、夏の水温上昇といった要因が、稚魚が河川残留型となるか、降河回遊型となるかといった選択に大きな影響を及ぼすものと考えられる。では、同じ川に生息する異魚種との関係は、どのような影響を及ぼすだろうか。

たとえば、東北地方のサクラマスの産卵水域にはイワナ（*Salvelinus leucomaenis*）

やアブラハヤ（*Rhynchocypris lagowskii*）、ウグイ（*Tribolodon hakonensis*）などが生息している場合がある。イワナは、サクラマスと食性が似ており、同じサケ科でもあることから競合関係が示唆されるが、既報や著者らの観察によると、両種がともに稚魚である場合はイワナのほうが底層や流れの弱い巻き返しなどの場所を選好すること、また一般にはイワナの稚魚はサクラマスよりも成長速度が遅いとされることなどから、サクラマスの稚魚がイワナの稚魚と競合する機会は実は少ないと考えられる（裏を返せば、イワナにとって、サクラマスは深刻な競合相手となる）[5]。またアブラハヤやウグイも比較的流速が遅い場所に分布しており、他個体に対する攻撃性もさほど強くないことから、サクラマスの稚魚との競合は考えにくい。

一方、サツキマスが生息する西日本の川の産卵水域には、カワムツ（*Nipponocypris temminckii*）やタカハヤ（*R. oxycephalus*）、アユ（*Plecoglossus altivelis*）、本州であればさらにイワナなどが生息している場合がある。カワムツは、サツキマスの稚魚と重なる流域に広く分布しており、両種の間では直接的ではないものの、エサをめぐる競合関係があることが知られている[6]。またタカハヤは、サツキマスの稚魚に対する攻撃性は低いと考えられるが、東日本におけるアブラハヤとサクラマスに比べると、タカハヤとサツキマスの生息空間はより大きく重なっている印象が持たれる。また、なによりも、温暖な西日本の川ではカワムツやタカハヤ、アユといった異魚種の生息密度が東北地方よりも大きいと考えられる。つまり、直接的な攻撃といった個体間作用は少なくても、カワムツやタカハヤ、アユなどの生息密度が高いことによってサツキマスの稚魚へのエサの供給量や稚魚の適正生息尾数が押し下げられるといった影響（ストレス）を受けている可能性がある。

4　降河回遊期を決定する要因

このように、サクラマスとサツキマスでは稚魚期の生息環境（生態）がいくつかの点で異なることから、これらの相違が両タイプの銀化変態期や降河回遊期といった回遊生態の違いにも影響を及ぼしてきた可能性が考えられる。上述したように、サツキマスの降河回遊期（1歳の秋〜冬）はサクラマス（1歳半の春）よりも半年ほど早い。ここで、降河回遊が産卵水域に留まることができなかった劣位の稚魚の逃避・脱出行動であるとの仮説を踏まえると、端的にはサツキマスのほうがサクラマスよりも厳しい（川を降りやすい）環境下で稚魚期を過ごすとの推察が成り立つ。その背景としては、前述したように西日本の川では総じて生産性（環境収容力）は高いものの、とくに夏の水温が高く、さらにはカワムツなどの異魚種の生息密度も高いことなどがあり、これらが複合的にサツキマスの稚魚を早期の降河回遊へと導いている可能性が考えられる。

無論、このことには今から数万年前に分化したとされる、両タイプの遺伝的形質の違いが反映していて、サクラマス、サツキマスはそれぞれのDNAに刻まれたタイミングで降河回遊行動を発現している可能性も考えられる[1]。しかし、宮城県広瀬川などの南東北〜関東で見られる1歳の秋〜冬に降河回遊を行なう、サツキマス様のサクラマスの存在は、両タイプのライフサイクルが必ずしも遺伝的要因だけで規定されているわけではないことを示唆している。つまり、両タイプの回遊の性質はＤＮＡと生息河川の環境の双方の影響を受けている、との見方も成り立つ。

以上、ここまでの議論をいくつかの補足説明を加えながら著者なりに整理してみたい。まず、サツキマスでは多くの稚魚が1歳の秋～冬に銀化変態や降河回遊行動を行なうようになるが、それはなぜだろうか。上述した仮説を踏まえれば、サツキマスが生息する西日本の川はサクラマスが生息する東日本の川よりも緯度が低く、川の生産性が高いことから、基本的には多くのエサが供給され、栄養面では稚魚をより早く成長させるだけのキャパシティーがあると考えられる。実際、同じ時期で比べると、サツキマスの稚魚の体サイズはサクラマスよりも1ランク大きい傾向にある[7]。

しかし、現代（最終氷期以降）の西日本の川は夏の間に水温が大きく上昇し、冷水性魚類であるサツキマスの生息にとって厳しくなる時期があるため、稚魚の多くはより水温が低い上・支流域に押し込まれるように移動し、とくに夏の間の生息密度が適正範囲を超えて過密状態になることが多いと推察される。また、産卵水域を含む上～中流域には比較的広い範囲にカワムツやタカハヤなどのコイ科魚やアユも多く生息しているため、秋以降にサツキマスの劣位の稚魚が川を降ったとしても、引き続きトータルの生息環境が厳しいまま、という可能性もある。そのため、川での成長と性成熟が見込めなくなった劣位の稚魚は秋の水温の低下とともに生活史戦略を切り替えて銀化変態を起こし、水温が低下してい

サツキマスの稚魚が夏を過ごす広島県太田川の上流。著者が8月に訪れた時には1つの淵にサツキマス、カワムツ、アユが高密度で生息していた

る秋から冬の間に降河回遊を行なうようになったのではないだろうか。これが、サツキマスが1歳の秋に降河回遊を行なうようになったことを部分的に説明する、著者の推論である。

では、サクラマスの場合はどうか。サクラマスも、基本的にはサツキマスと類似の稚魚期を送る。しかし、東日本の川では夏の水温は西日本ほど高くならないことから、稚魚が上・支流域に適正生息尾数を超えて過密に分布する期間があるとしても、それはサツキマスよりは短いものと推察される。またアブラハヤなどの異魚種の稚魚の生息密度もさほど高くないことから、劣位の稚魚であっても個体間作用などで受けるストレスはサツキマスよりも少なく、1歳の秋の段階ではまだ川を降らずに済むレベルなのかもしれない。

また、チャプター5でも述べたように、サ

クラマス群の劣位の稚魚ではそのなかでもより早く成長し、一定の体サイズ（臨界体サイズ）に到達した個体から順に銀化変態や降河回遊が発現されることがわかっている。このことから、サクラマスでは劣位の稚魚の多くが1歳の秋には銀化変態を行なう臨界体サイズ（約9㎝）にまで成長しておらず、生理的理由によって、秋には銀化変態や降河回遊行動が発現できないのかもしれない[7]。このように考えると、サツキマスの劣位個体は秋の時点で生活史戦略を降河回遊へと切り替え、かつそれが臨界体サイズ（サツキマスでは12㎝程度とされる）などの生理面でも支持されるため、サクラマスよりも半年早く降河回遊を行なうことができるとの見方も成り立つ。

では、これらの仮説を同じサクラマス群のビワマス（*O. masou* subsp.）やサラマオマス（*O. masou formosanus*）にもあてはめることができるだろうか。すでに触れたように、ビワマスではほとんどの稚魚がふ化から数ヵ月後の5～6月と、サツキマスやサクラマスよりもさらに早い段階で琵琶湖へと降河する。本タイプの生態を研究してきた藤岡康弘博士によると、琵琶湖の流入河川の一部ではこの時期の雨量が多く、稚魚の降河が行なわれるのはまさに雨で川が増水している間だという。このことから、ビワマスの場合はそもそも川の生産性や個体間作用によって優劣関係が決する以前に、稚魚が増水の影響で琵琶湖に降りてしまう可能性も高いと考えらえる。琵琶湖の流入河川の多くは小規模であることから、おそらくはそのぶんだけ増水のインパクトが大きいものと推察される。また、もう1つ押さえておきたい点として、ビワマスの稚魚は降河回遊を行なうこの時期には海水適

ビワマスの成魚と琵琶湖（藤岡康弘撮影）

応能が発達しないことがわかっている。つまり、ビワマスは、サツキマスやサクラマスのように事前に海水適応の発達などの銀化変態を行なわなくても淡水の琵琶湖に降りることができる。換言すれば、ビワマスの稚魚は川と琵琶湖を特に区分せず、単に増水による短距離の移動の延長として琵琶湖に入ってしまうのかもしれない。

なお、ビワマスの降河行動が川の増水によって引き起こされるのであれば、サクラマスやサツキマスの降河回遊行動の発現（時期）にも川の増水が関係している可能性がある。大掴みにいえば、西日本では秋に台風による増水が多く、東日本では春に雪解けによる増水が多いことから、これらの要因との関係について、今後の解明が待たれるところである。

一方、台湾に分布するサラマオマスには現在、海にまで降河する個体群は出現しないとされている。だとすると（上述の仮説にしたがえば）、本タイプは九州などのサクラマスとならび、サクラマス群としてはもっとも好適な環境で稚魚期を過ごすため、基本的に個体群の中から劣位の稚魚が出現しないものと解釈される。その一方で、台湾や九州の川では中〜下流域の夏の水温はより長期間にわたって高く、異魚種の生息密度もそれなりに高いと考えられることから、そもそも産卵水域が狭く、稚魚の生息尾数も限られており、同種間の個体間作用などの社会的プレッシャーが少ない可能性も考えられる。また、仮に一部の劣位個体が降河回遊を行なったとしても、川の中〜下流域や降海した先の海の水温が高いといった理由でほとんどが死滅回遊となっている可能性も考えられる。今後、幅広い視点から各タイプの降河回遊の機構の解析が進むことが望まれる。

サラマオマスと台湾の大甲渓

5　サクラマス群の体色の意味

次に、サクラマス群の稚魚期の体色の役割について考察する。サクラマス群の稚魚(パー)は、産卵床から浮上したあとは全体に暗褐色の体色を呈し、体側にパーマーク、背部には黒点が散在している。このような体色は、基本的には自分以外の個体に向けられたものであり、パーの体色は鳥や魚類などの天敵(捕食者)からの捕食(攻撃)を避けるためのカムフラージュ体色だと考えられる(なお本書では、カムフラージュ体色とは、自身の体色を背景などのオブジェクトに合わせる防衛策と定義する)。パーは、川底の砂利(無機物)や倒木(有機物)などに自身の体色を合わせていると考えられる。また、このように考えると、稚魚が銀化変態に伴って呈する銀白色の体色は、自身を背景の水になじませることで捕食者からの攻撃を避けるためのカムフラージュ体色だと考えられる。

一方、ある種の生物では自身の体色を他の生物の体色や模様に似せる、「擬態」と呼ばれる体色変化の存在が知られている。好例の1つが、ハチの体色である。たとえばスズメバチとミツバチはどちらも同じような黄色と黒の縞々模様を呈するが、それは、一度スズメバチ(ミツバチ)に襲われた動物は、次に遭遇したのがミツバチであっても、同じ黄色と黒の縞々を怖がって避けることがあるためと考えられる。つまり、ハチは相互に擬態しあうことでそれぞれが相応の高い防衛効果を得ているといえる。またある種のチョウは、自身の体色を味の悪い別のチョウに似せることで捕食者から攻撃される確率を下げ、一方

イワメ（故木村清朗氏撮影 1990 竹田市教育委員会）

的に利益を得ているといわれている。

では、サクラマス群では、どうであろうか。現在まで、サケ科魚類が擬態の体色を持つとの報告はないが、南北に広がる日本の河川ではサクラマス群内にいくつかの体色のバリエーション（変異）があることが知られている。これらの体色変異の多くはカムフラージュ体色の範疇である可能性が高いが、それらの中に、擬態として機能している体色が含まれる可能性も、考えられなくはない。

たとえば、大分県大野川水系のメンノツラ谷（サツキマスの生息域）や茨城県高萩川水系（サクラマスの生息域）などの複数の川には、パーマークや黒点を持たず、全体に黄褐色の体色を呈する〝イワメ〟と呼ばれるサクラマス群の体色変異個体が不連続に分布することが知られている。これらの体色は、著者の目にはタカハヤやアブラハヤといった、同所的に出現するコイ科魚類の体色に似ているようにも映る。

サクラマス群と同じ水系に生息する異魚種

アブラハヤ

モツゴ

仮に、イワメの体色がこれらの異魚種の体色を擬態したものだとすると、どのような意味（メリット）があるだろうか。上述のとおり、基本的にパーの体色は捕食者などの外敵から身を守るためのカムフラージュだと考えられるが、既報によれば、パーの体色は外敵に対するカムフラージュ体色であると同時に、同種の他個体にはなわばり争いの意思表示と映り、攻撃を誘発する引き金となってしまうこともあるとされている。だとすれば、パーの中から同じ生息域に分布するコイ科魚などに擬態して紛れ、防衛用語でいうところの希釈効果を得ると同時に、同種間の無用なわばり争いを避ける戦略を採る稚魚が現われたとしても、さほど不思議ではないと考えられる。

つまり、サクラマスやサツキマスとして単独でいるよりも、場合によっては他魚種の集団に紛れることでより生存率が上がり、かつ個体間作用のストレスも軽減されることが期待される。今後、

オイカワ（上）とウグイ（下）

アユ

カワムツ

こうした体色変異の生態学的な機能についても、より科学的な検証が行なわれることが望まれる。

6 朱点の意味

一方、サクラマス群の体色のさらに大きな謎は、サツキマスやビワマスの体側に見られ、サクラマスやサラマオマスには見られない〝朱点〟（体側の赤い斑点）の有無であろう[4)]。上述したように、魚類の体色に何らかの機能（意味）があるとしたら、朱点にもなんらかの〝意味〟があるはずである。この謎を解明することは、サツキマスやビワマスが共通祖先から分化した際にどのタイミングで朱点を獲得（あるいは消失）したかを検証するうえで、何らかの手がかりとなるかもしれない。

朱点の役割を考えるうえでは、この模様が捕食者などの異種に向けられたものであるか、あるいは競合する同種に向けられたものであるかを解明することが、最初の手がかりとなろう。まず、朱点が捕食者などの異種に向けられたものであると仮定すると、想起されるのはパーの体色と同様、朱点もなんらかのカムフラージュ体色の役割をはたしている可能性である。しかし、サクラマス群の主な捕食者となる中〜小型の鳥類やほ乳類などの陸上動物はサツキマスとサクラマスの分布域（日本の南北）で種や生態に大差がなく、ビワマスやサツキマスの稚魚だけが朱点を持つ理由とすることにはやや難がある。またそもそも朱点自体は背面（空中）からは視認されにくい。従って、朱点が陸の捕食者に対するカムフラージュ体色として機能する可能性は、低いと考えられる。

一方、もう1つの可能性としては、朱点が同種、または水中に生息する異魚種に向けられたなんらかの〝シグナル（信号）〟になっている可能性である。サケ科魚類における真偽は定かではないが、多くの動物にとって、赤い色は攻撃性の信号であり[8)]、これが他者に対して自身を優位に見せる役割をもっていると考えることもできる。そう仮定すると、比較的小規模な流入河川で稚魚期を過ごすビワマスや、夏に生息密度が上がると考えられるサツキマスにおいて多くの朱点が見られることとも整合する。また、養殖池で過密養殖するとサツキマスの朱点が急激に増えることや[9)]、サツキマスが降海して広い海域に出る

サクラマスを上から見ると、背中の模様はよく見えるが、体側はよく見えない

と朱点が見えにくくなることも、この仮説を支持するように思える。

また、ビワマスやサツキマスは、朱点を持つことでたとえば同じ頃に種分化したとされるカワムツなどの異魚種に擬態して紛れ、防衛面で何らかのメリットを得ている可能性もあり、今後のさらなる検証が待たれるところである。

本稿の執筆に当たり、元滋賀県水産試験場、藤岡康弘博士に有益な助言をいただいた。ここにお礼申し上げる。

引用文献

1 棟方有宗：魚類のなわばりと防御行動. *In*：ホルモンから見た生命現象と進化シリーズ第7巻 生体防御・社会性－守－（水澤寛太，矢田崇 編），裳華房，東京，2016, pp 203-215.

2 Nakano S.：Individual differences in resources use, growth and emigration under the influence of a dominance hierarchy in fluvial red-spotted masu salmon in a natural habitat. J. Anim. Ecol., 64: 75-84.1995.

3 Munakata A., Ogihara E., Schreck C., and Noakes. D.L.G.：Effects of short term acclimation in cool and warm water and influent water temperature on temperature selection behavior in juvenile steelhead trout, Oncorhynchus mykiss. Aquaculture. 467: 219-224, 2017.

4 棟方有宗：サクラマス その生涯と生活史戦略（1）．海洋と生物，231: 376-379. 2017.

5 中野繁，谷口義則：淡水生サケ科魚類における種間競争と異種共存機構．魚類学雑誌，43(2): 59-78, 1996.

アマゴの幼魚
（藤岡康弘撮影）

ビワマスの稚魚
（藤岡康弘撮影）

サツキマスの成魚

6 片野修：カワムツの夏―ある雑魚の生態，京都大学出版会，京都，1999, 229 pp.
7 木曾克裕：二つの顔を持つ魚サクラマス，成山道書店，東京，2014，186 pp.
8 三星宗雄：赤の記号，人文学研究所報，53: 39-48, 2015.
9 河村功一：知られざる外来魚の脅威，2018 (https://www.mie-u.ac.jp/report/miedai-x/vol018_9_10.pdf) .

Chapter 8

サクラマス群の成魚の河川内における生態

Life of adult masu salmon in rivers and lakes

本チャプターでは、サクラマスの河川残留型や河川内回遊型、降湖型の成魚の川（湖）での生態や移動について、著者らのバイオテレメトリー研究の知見を中心に紹介する。

1　河川残留型成魚の河川内での移動パターン

産卵水域で生まれたサクラマスの稚魚は、以降の成長の良否などに応じて河川残留型、河川内回遊型、沿岸回遊型、降海回遊型、さらには一部が未分化のままもう1年川に残る未分化個体に分かれると考えられるが、これらの川での生活圏は重なることが多いため、それぞれの生態を区別して観察することは難しい。一方、宮城県広瀬川では河口から約35km上流に鳳鳴四十八滝という魚止の滝があり、一度ここを降りた個体は滝を遡上することができないため、滝よりも上流に生息する成魚は基本的に河川残留型、または小規模な河川内回遊型と判断され、この区間はとくにこれらサブタイプの観察に適している。

さて、滝より上流の数百メートルの区間では例年、春から秋の間、ほかの流域よりもやや大型の河川内回遊型の成魚が見られることが多い。このことから、このような区間（魚

鳳鳴四十八滝上流

鳳鳴四十八滝下流

止の滝の直上）は総じて成魚の摂餌（成長）環境がよいと推察される（棟方－メモ）。その背景としては、この区間には下流から遡上する大型のサクラマスなどが存在せず、ニゴイなどの大型の異魚種もほとんどいないことが関係していると思われる。つまり、この区間では総じて他の個体との競合が起こりにくいため、一部の魚にとっては安定して成長できる環境になっているものと考えられる。逆説的にいえば、一般的な川では河川残留型や河川内回遊型の個体が常々、自分よりも優位な個体、ことに下流から遡上してくる河川内回遊型や降海回遊型、あるいは異魚種からの干渉（個体間作用や密度効果）を受けているものと推察される。

また、この滝の直上の区間ではある河川内回遊型の成魚が淵と、その上流にある瀬の間を不定期に行き来している様子が見られる

（棟方-メモ）。おそらく、河川残留型や河川内回遊型の成魚は他の魚からの干渉が少ない場合は淵（休憩場所）と瀬（摂餌場所）から成る長さ数十メートルの区間（ユニット）内で移動を繰り返しながら成長し、秋までにはそこからさらに上流の産卵水域へと順次、遡上するのが、彼らの基本的な生活史ではないかと考えられる（図1）。

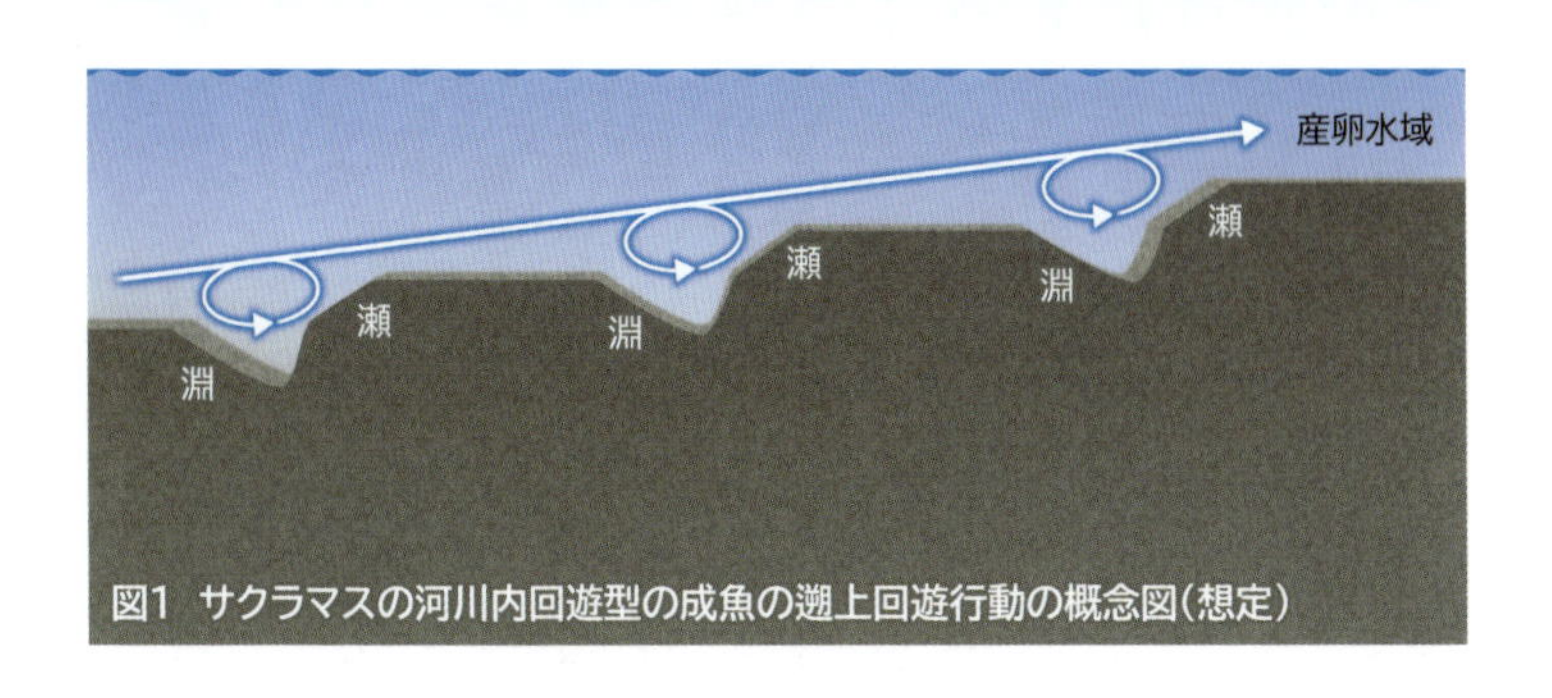

図1 サクラマスの河川内回遊型の成魚の遡上回遊行動の概念図（想定）

2 河川内回遊型の河川内での移動

上述した広瀬川の場合、鳳鳴四十八滝よりも下流に生息する河川内回遊型は、そこから河口域までの約35㎞の流域の間で降河・遡上回遊を行なうと思われる[1,2]。

すでに触れたように、広瀬川の中〜下流域では近年、夏の水温が20〜25℃にまで上昇するため、このエリアで産まれた稚魚の大半は比較的水温が低い鳳鳴四十八滝の下流や周辺の支流域でそのまま越夏するようである。そのため、このエリアよりも下流の中~下流域では夏の間、稚魚はほとんど見られない。ところが、10月中旬以降、中流域において銀化魚様の1歳魚とみられる稚魚が出現する[1,2]。またこれらの稚魚は11月下旬になると中流域からもほとんど姿を消し、今度は主に下流域で見られるようになる(なお、中流域では少数の大型の銀化魚が引き続き見られる。それらはこの流域で降河行動を止めた河川内回遊型だと考えられる(棟方-メモ)。

そこで、著者らは10月中~下旬に中流域でこれらの銀化魚の一部を釣獲し、音波発信器(Vemco V5ほか)、または電波発信機(Lotek nanotag)を外科的に腹腔内に装着して放流し、その後の移動の様子を定点に設置した受信機などで調べた。その結果、行動が把握できた実験魚のほとんどは、放流場所よりも下流へと降河したことが示された。実験魚の中には1尾だけ、放流後に遡上行動を示す個体も見られたが、遡上の距離は１００ｍ程度と短く、この個体は翌日には他の個体と同様、降河行動を開始した。このことから、これらの魚は秋に川を降りる(広瀬川特有の)降河回遊型であることが推察された[1,2]。

上記の降河回遊型の魚からは、11~12月に海に降りる個体(広瀬川の場合、これらは主に沿岸回遊型になると考えられる)が複数尾現われたが、そのほかの個体は降海せず、下流域のいずれかの区間で降河回遊をやめた可能性が示された[1,2]。これらの中には降河の途中で減耗し、定点の受信器を通過しなかった魚がいた可能性も考えられるが、少なくとも一部は下流域で河川生活を送る河川内回遊型に分化したものと推察された。

こうして下流域に留まった河川内回遊型は、翌年の4月以降になると下流域から釣り人などによって採捕され、いわゆる本流ヤマメと呼ばれる[3,4)]。これらの多くは全長25㎝程度にまで成長しているが、外観的には銀化魚様の銀白色の体色をそのまま保っている。そこで著者らは、今度は5～7月に中流域でこれらの一部を釣獲し、同様に音波・電波発信機を装着して移動の様子をモニターした[3,4)]。その結果、実験魚の約半数は放流後、上流域へと遡上したことが確認された。ただし、これらは放流後、ただちに産卵水域と思われる鳳鳴四十八滝の下流や支流域にまで遡上（到達）することはなく、大半が流域の数ヵ所に数時間～数日間滞在しながら段階的に川を遡上することが示された（図1参照）。なかには中流域の淵の淵尻で1ヵ月ほど滞泳した後に産卵水域への遡上を再開した個体もいた[5)]。これらのことからも成魚は、産卵期の直前までは極力産卵水域に戻らないようにふるまっていると考えられた。

また、この間、いくつかの興味深い現象も見られた。たとえば広瀬川の中流域には相対的にヤマメの成魚の魚影が多くなる区間があることが釣り人などに知られているが、このような区間には発信器を付けた複数の成魚も立ち寄っていた。川漁師や釣り人の間では、シーズンを通してヤマメがコンスタントに釣れる区間やポイントがあることが古くから知られているが、実はこうした場所の多くは河川内回遊型の成魚が遡上回遊の途中で頻繁に滞在する区間と重複しているのかもしれない。もしこれが一般的な現象だとすると、このような流域の環境を把握することは、今後のサクラマスの保全を考えるうえでも極めて重要である。

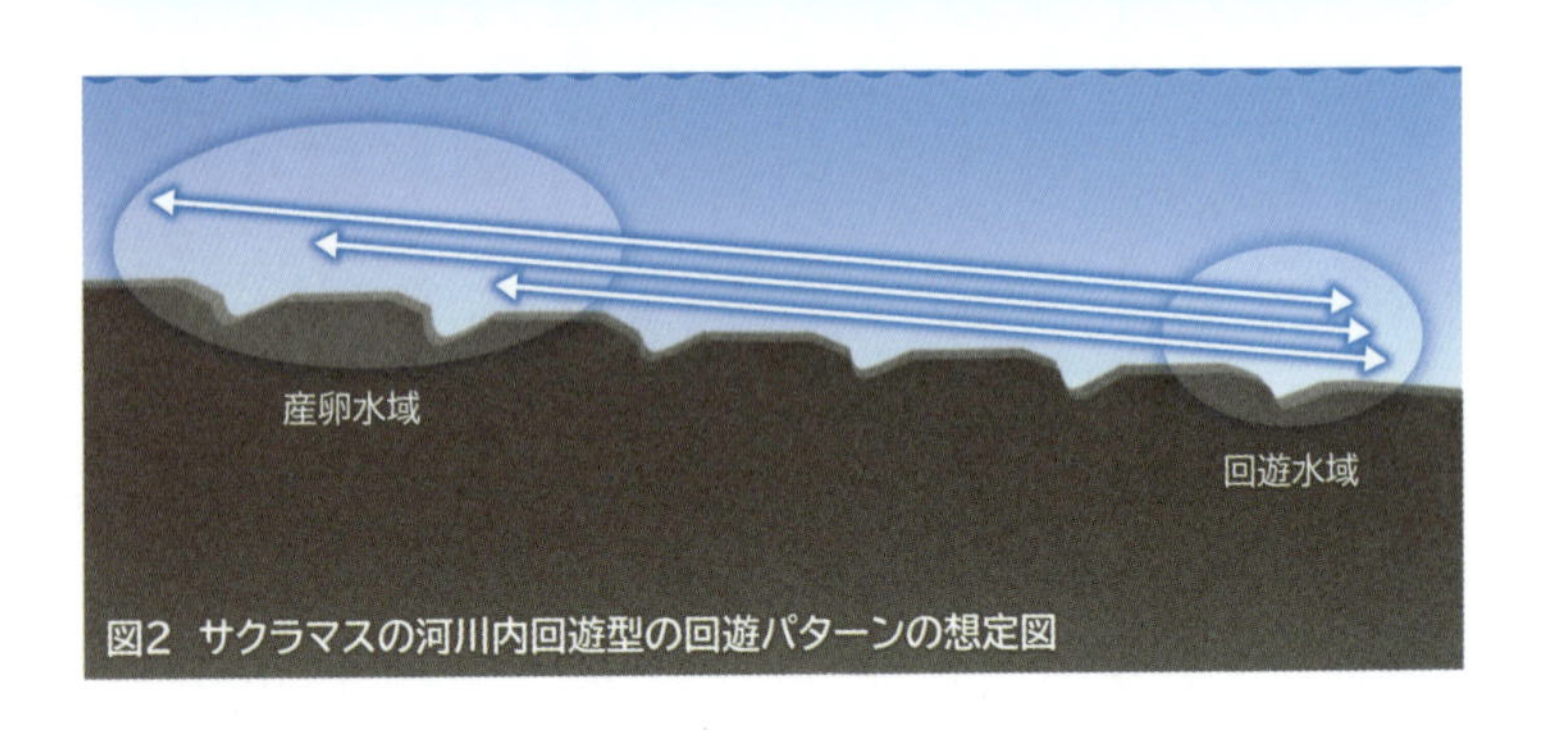

図2　サクラマスの河川内回遊型の回遊パターンの想定図

また釣り人などによると、こうした魚影の多いポイントでは、雨などによる増水の引き際のタイミングでとりわけ多くの成魚が捕獲されることも古くから知られている。そこで、発信器装着魚のデータから増水と遡上回遊行動との関係性を調べたところ、実験魚の多くが増水のピークではなく、増水の引き際のタイミングで頻繁に遡上回遊を行なっていることが示された[3,4)]。これらのことから、増水後に釣獲される個体が増えることと、増水の引き際に多くの成魚が河川内を遡上することが関係する可能性も考えられる。

なお、遡上回遊を示す魚の中には秋の産卵期に必ずしも鳳鳴四十八滝の下流や支流域にまでは遡上しない個体もいた[3,4)]。このことから、広瀬川では河川残留型や河川内回遊型の成魚が滝の下流域で広い範囲に分散して産卵している可能性も考えられる。また、広瀬川では異なる産卵水域を起点としたいくつかの河川内回遊型の個体群が混在している可能性も考えられる（図2）。今後、複数の回遊集団が実在するか否かや、集団間の回遊生態を比較検討することも必要と思われる。

3　降湖型の湖内での移動

以上のように、釣り人からの情報や近年のバイオテレメトリー研究によって、河川残留型や河川内回遊型の川での生態、とくに回遊の様式が徐々に明らかになりつつある。その一方で、沿岸回遊型や降海回遊型の海での移動様式は依然としてほとんど明らかになっていないのが現状である。そこで著者らは海の実験の代替として、成魚の湖における移動（垂直分布、経験水温）を調べるため、実験魚に水深・水温情報を発信可能な音波発信器（Vemco VP9TP）を装着して湖内の回遊行動を調べることにした[6]。今回得られたのは1尾分のデータであるが、参考として紹介したい。

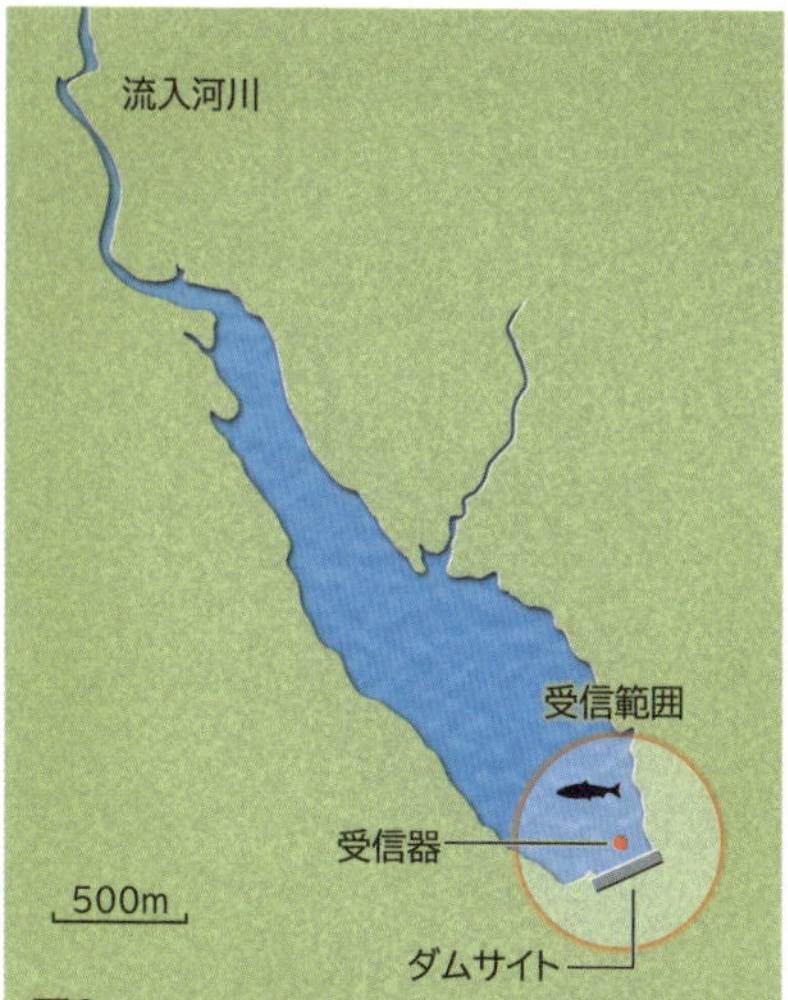

実験は、宮城県内のダム湖で実

流入河川
受信範囲
受信器
500m
ダムサイト

図3
サクラマス成魚の経験水深、経験水温の追跡実験を行なった宮城県広瀬川水系のダム湖の概要

施し（前頁図3）、あらかじめ大学の飼育室で音波発信器を装着して飼育しておいた広瀬川系群のサクラマスの成魚（全長約30㎝）を2015年5月20日にダムサイト付近（最大水深70ｍ）の左岸から放流した。実験にあたっては放流ポイントに近いダムサイト付近に音波受信機（ソナー）を1基設営し、実験魚がこの受信機で受信されるかどうかを基準に、実験魚の水平移動範囲を推測した。

まず、実験魚の放流後の垂直移動を解析した（135頁図4）。観察の結果、実験魚は5月20～7月1日の間、放流地点から近いダムサイト周辺の水深5～15ｍ付近の水域に最も長く滞泳していたことが判明した（図4Ａ）[6)]。また行動を時系列的に見ると、実験魚の経験水深は5月下旬には水深5ｍ前後の比較的浅いエリアに集中していたが、時間経過とともに徐々に経験水深が深くなっていく傾向が見られた。

次に、水平移動について解析したところ、実験魚は5月下旬にはダムサイト周辺の比較的広い範囲を水平移動（タグの受信状況の有無によって判断）していたのに対して、6月上旬にはダムサイト付近に長時間滞泳するようになった。ところが6月下旬にかけてふたたびこの水域から定期的に離れる行動を示し始め、7月1日以降は受信器に検知されなくなった。このことから実験魚は、基本的にはダムサイト付近に滞泳しながらも、定期的にそこから数百メートル以上離れた広い範囲で水平移動（回遊）を行ない、7月1日にはこの水域から離脱するためのより長距離の回遊行動を発現したものと推察される。例年、このダム湖では6～7月にダム上流のバックウオーター（流入河川）に遡上する成魚が見ら

音波探知機でサクラマスの回遊行動を調べたダム湖

音波発信タグを実験魚に埋め込んでいるところ

れることから、この実験魚も7月1日を境にダム湖の上流域、あるいはバックウオーター（流入河川）に向けて水平方向に大きく移動した可能性が考えられる。

　では、実験魚が7月1日を境にダムサイト周辺の水域から上流域に向けて移動したと仮定すると、その要因は何だったのだろうか。たとえば、生理学の観点からは、この個体が性成熟を開始し、生殖内分泌系の働きによって流入河川への遡上行動を発現した可能性が考えられる。

　一方、実験魚の経験水温を解析すると、放流直後の5月下旬が10～15℃であったものが、徐々に上昇して6月中～下旬には15～20℃にまで上昇していたことがわかった（図4B）[6]。これは、主にこの個体が滞泳していた表～中層の水温が季節変化によって徐々に上昇したためと考えられる（図4A）。このように考えると、実験魚が7月1日以降にダムサイト付近から離脱したのも、それまで滞泳していた水域の水温がこの個体の生理的な適正範囲を超えたためではないかとの推察も成り立つ。

　ただし、水温の上昇を回避するだけであれば、成魚は同じエリアのより深いレンジへと遊泳深度を下げることでも対応できたはずである。事実、この個体は6月下旬になると水深15m以深、ときには水深25m（水温10～15℃）程度まで潜行することがあった（図4A）[6]。おそらく成魚はこのような潜行によって行動的に体温低下（調節）を行なっていたのではないかと考えられる。（このような体温調節法を、行動的体温調節と呼ぶ）。しかし、実際に記録された深所への潜行の頻度は数日おきに数回程度と少なかったことから、潜行によ

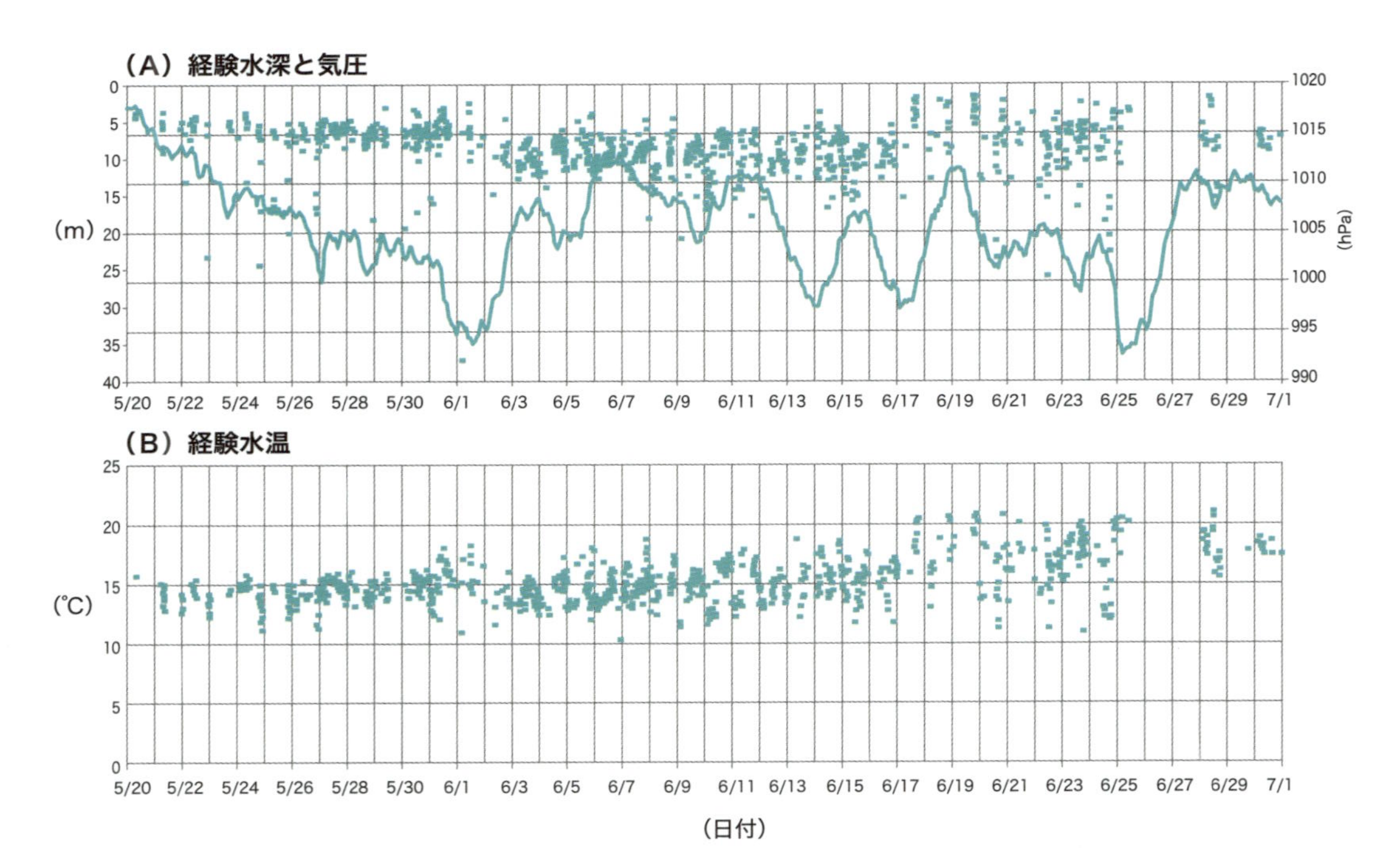

図4　ダムに放流したサクラマス成魚の（A）経験水深（ドット）と気圧（実線）、（B）経験水温（ドット）

る行動的体温調節は実験魚にとっては必ずしも効果的な手段にはなり得ていなかったものと推察される。おそらくその背景には、よく知られているように湖内の中層に温度躍層があり、以深の溶存酸素量が相対的に低くなることが関係していた可能性が考えられる[7]。今回は溶存酸素量を測っていないので推論の域を出ないが、以上のような状況が総合された結果、この成魚は行動的体温調節の一環として、垂直方向ではなく大規模な水平方向の回遊を発現し、より水温が低い流入河川へと向かったものと考えられる。その点において、成魚の流入河川への移動は降海回遊型と同様、生殖内分泌系によって刺激される側面と同時に、より水温の低い水域（この場合は流入河川）を目差す行動として発現しているのかもしれない[8]。つまり、成魚の湖から流入河川への遡上のメカニズムは、降海回遊型の下流域から上流域への河川内回遊のそれにかなり近いと考えられる。

なお、今回のデータからはほかにも興味深い現象が見えてきたので、補足しておく。たとえば、湖内の水平移動と気圧との関係を見ると、この実験魚は気圧が大きく低下した際に水平方向の行動範囲が広がっていたことが図（タグの受信状況の有無）から読み取れる（図4A）[6]。また垂直移動に関しても、実験魚は気圧が低下する直前により深所（15〜20m）へと潜行する傾向が見られた。これも、釣り人にはよく知られているが、一般に、気圧が低下するような荒天の前には、魚が釣れにくく（あるいは釣れやすく？）なるといわれている。こうした現象が、今回実験魚が示した気圧に対する水平・垂直移動とどのような関係があるのか、今後の解析が待たれるところである。

また今回、実験魚が通常滞泳していた水深から水深5m以浅の浅場に移動するのは、基本的に午後の時間帯が多く、特に15~18時の夕方にかけての時間帯に頻繁な上方への垂直移動を行なう傾向が見られた[6)]。夕刻にかけての時間帯は、サケ科魚類の摂餌行動が活発になる時間帯の1つとされていることから、こうした垂直移動は表層付近での摂餌活動の一環として発現していた可能性も考えられる。

以上のように、サクラマスの成魚は水温の分布や気圧、時間、季節、さらには生理的要因といった種々の外的・内的環境要因に応じて川や湖内での回遊行動を発現するものと考えられる。このような応答の機構がサケ科魚類の海での回遊においても同じように用いられているか否かをさらに検証することも、今後の興味深い研究テーマと考えられる。

引用文献

1 棟方有宗，荻原英里奈，三浦剛，松田裕之：宮城県広瀬川におけるサクラマスの回遊行動多型．平成26年度日本水産学会春季大会講演要旨集，81, 2014.

2 棟方有宗，石川陽菜，荻原英里奈，菅原正徳：宮城県広瀬川のサクラマスは秋に降海回遊を行う．平成27年度日本水産学会春季大会講演要旨集，29, 2015.

3 棟方有宗，三浦剛，松田裕之：東北地方広瀬川におけるサクラマス河川型魚の河川内回遊の観察．平成25年度日本水産学会春季大会講演要旨集，65. 2013.

4 三浦剛：タイヘイヨウサケの降河および遡上行動の調節機構に関する行動生理学的研究．横浜国立大学大学院環境情報学府　博士論文　2013, 1-96.
5 棟方有宗：サクラマスその生涯と生活史戦略（4）．海洋と生物，234: 82-85, 2017.
6 鳥村達郎：超音波・電波テレメトリーを用いた河川性回遊魚類の行動解析．宮城教育大学卒業論文　2017，1-29.
7 白谷栄作，浜田康治，人見忠良：ダム湖に発生する貧酸素水塊の形成要因．平成23年度農業農村工学会大会講演会講演要旨集，280-281, 2011.
8 Munakata A., Ogihara E., Schreck C.B., Noakes D.L.G.：Effects of short term acclimation in cool and warm water and influent water temperatures on temperature selection behavior in juvenile steelhead trout, Oncorhynchus mykiss. Aquaculture, 467: 219-224, 2017.

Chapter 9 *Decrease in Population of Masu Salmon*

サクラマスの資源減少

本チャプターでは、サクラマスの資源減少の要因や、資源管理のために必要な観点について議論する。

1 サクラマスの個体数減少の要因

サクラマスは、河川残留型のヤマメも含めて資源量（個体数）が減少している水域が多い。その背景としては、生息する河川（海域）環境の改変や漁獲などによる減耗、養殖種苗や他の地域由来の個体群の放流による遺伝的撹乱の影響などが考えられている。

環境の改変

グローバルな要因

気候変動・温暖化など

ローカルな要因

水量・堰堤・砂礫の流失・生物学的影響など

漁獲による減耗
遺伝的攪乱

●環境の改変

河川環境の改変の要因は、大きく分けると、気候変動などの広域、あるいは地球規模で起こるグローバルな要因や[1]、比較的小さなエリア内で起こるローカルな要因に分けられる。たとえばローカルな要因としては、川の水量や水温[2]、水質といった水の問題や、河床への砂利の供給の減少や河畔林の減少、ダムや堰堤などの河川横断工作物による流域環境の分断、護岸による河川形態の変化、さらにはこれらに伴って生じる餌生物の減少や捕食者の増加といった生物的な問題などがあり得る。

●水の問題

たとえば、水の問題として、多くの川では水量の慢性的な減少が顕在化している。日本の場合、川の水量は集水域に降り注いだ降水量に依存するため、基本的には安定して降水があることが重要である。近年、降水量はグローバルな気候変動とも関連して増減する可能性が指摘されており、今後さらに注視することが必要である。

一方、集水域に降った水の多くは一度地下に蓄えられ、そこから徐々に川に浸出することで水量が安定する仕組みとなっているため、集水域の保水力は降水量に次いで重要な要因といえる。保水力は地質構造の影響も強く受けるが、集水域の植生（水源林）の種組成や面積（現存量）も重要である。現在、日本の水源林の多くは二次林で構成されており、これらの一部では保水力が低いために降水の直後に多くの水が川に流入し、その後は次の降水まで水量が減少するといった不安定なサイクルを作り出していると考えられている。なお、水源林の樹種はサクラマスへの餌生物の供給の面からも重要である。

現在、日本の多くの川には大小のダムが構築されている[3,4]。ダムの水の多くは飲用や農・工業用水として取水されており、その分だけ下流の水量を減少させる。生態系保全の観点からは、今後のダムは下流の水量が極端に減少した場合にはあらかじめ蓄えておいた余剰水を放水するなどの柔軟、かつ計画的な運用を行ない、生態系機能の安定に寄与することが強く望まれる。

川の水量が減少することで生じる影響の1つとして、水温が変動しやすくなることがある[2]。すなわち、一般に川の水温は日照などに加えて、水面を介して接する気温との熱交換の影響を受けて上下することがわかっている。そのため、川の水量が減少することで水位が低下すると、川の単位体積当たりの水面面積の割合が増加し、水温が変動しやすくなる。とくに、夏の間は渇水による水量の低下に気温上昇が加わることで水温が大きく上昇し、冷水性魚類であるサクラマス群に対して大きなインパクトを与えうる。宮城県の広瀬川では著者が知る範囲でも過去2回、夏の渇水の際に海から遡上したサクラマスの親魚が大量死したが、そのときの水温はどちらも25℃を上まわっていた（棟方‐メモ）（なおこ

いる）。

の時、水量の減少だけでなく水温上昇に伴う溶存酸素量の低下も起こったと考えられている）。

また、川の水量の減少のもう1つの影響として、水位低下によって川岸付近の礫が干出してしまうことが挙げられる。水中にあった礫が干出するということは、その分だけ礫表面に生える藻類の現存量が減少してしまうことを意味している。こうして藻類が減少することで藻食性の水生昆虫類などの摂餌・生息域が減少すると、連動して付近に生息するサクラマスへのエサの供給量も減少することになる。

また、礫表面に生える藻類や周辺に生息する水生昆虫類（幼虫）は、水量が減少している間はいうに及ばず、水量が増えた場合でもしばらくは現存量が回復しない。このことから、たとえ大きな川であっても、サクラマスの生息環境（環境収容力）の良否は基本的にはその川の水位がどれだけ長い間安定的に保たれていたかによって規定されるともいえる。つまり、川の水位の安定は、サクラマスにとって極めて大きな要因といえる。

なお、そのほかの水の問題としては水温や水質があるが、上述したように、たとえ気温が大きく変動した場合でも、水量（水流）が安定していれば水温が急激に変動してサクラマスの生息に大きなインパクトを与えることはないと考えられる。また、水質については一部の地域で鉱山や工場からの排水の問題があるものの、近年の日本では生活排水などの汚濁がサクラマスにとっての問題となるケースは減少している。

●河川形態の問題

次に、河川形態の変化の問題について述べる。近代以降、日本の川では大小のダムや砂防堰堤、護岸、護床工等が設置され、現在も多くが残存している[3,4]。それらのうち、川を横断して構築されるダムや堰堤などの河川横断工作物は、流域環境の分断を生じることが大きな問題となっている。サクラマスの生活史を孵化から時系列で追うと、最初に大きな影響を受けるのは、降河回遊を行なう稚魚だといえる。たとえば稚魚がダムで堰き止められた湛水区間（人造湖）に進入すると、本来はより下流まで降河するはずであった稚魚の行動が物理的にブロックされ、半ば強制的に降湖型とならざるを得なくなる[5]。また、そうなるとダムの下流では本来なら上流から降河してくるはずの降河回遊型の稚魚数が減少することで、海から回帰する成魚の個体数にも影響を及ぼすことになる。このような事態を回避するため、たとえば北海道の後志利別川に設置されている美利河ダムではダムの流入河川（インレット）に分水路が設置され、稚魚がダム湖をバイパスして下流域に降河できるようになっている[3]。今後の効果の検証結果が待たれるところである。

多くのダムや、取水機能を備えた堰堤などでは降河回遊を行なう稚魚の取水路への誤進入（迷入）も問題となっており、これを防止するための方法を開発することが喫緊の課題となっている。とくに、取水した水を下流側で戻す構造となっている水力発電施設などでは取水路に迷入した稚魚を殺さないためのタービンブレードを開発・導入することが強く望まれる。

また、河川横断工作物は川の下流から上流へと遡上するサクラマスなどの親魚にとっては、さらに大きな障壁となっている。とくに、魚道を持たないダムや大型の砂防堰堤などではほぼすべてといってよいレベルでサクラマスの遡上がブロックされるため、親魚が上流に遡上できず、その川の産卵親魚数が著しく減ることになる。すでに述べたように、本種の生息域の北方にあたる北海道などでは雄の一部が川に残留する一方、雌の大半は銀化魚となって降海する。このような川に砂防堰堤があれば、その上流にいる成魚の多くが雄となってしまい、その一方で雌の遡上個体数が減少するために適正な性比での産卵が行なわれなくなるといった問題も生じうる[4)]。以上のことからも、サクラマスが生息する川では降河と遡上が滞りなく行なわれる流域環境が備わっていることも極めて重要といえる。

一方、ダムや砂防堰堤が構築されることによる別の問題として、上流からの砂礫の供給が抑制されることがある。そうなると、それよりも下流側では供給よりも浸食が上まわることで、砂礫の減少（流失）が顕著になる。砂礫の流失は、次述するように河床の低下を招くとともに、さらなる副次的な問題を引き起こすことが知られている。たとえばその1つに、砂礫表面に生育する藻類の減少や砂礫間の空隙（生息環境）の減少による水生昆虫類（幼虫）などの水生生物の現存量の減少がある。換言すれば、サクラマスのエサとなる水生生物の資源量が安定するためには、空隙（くうげき）（生息空間）や藻食性水生昆虫類のエサとなる藻類が生えるための砂礫が多いことが、極めて重要と考えられる。つまり、河床の砂礫の多少はサクラマスの摂餌環境に直結する重要なファクターといえる。また砂礫は、河床

広瀬川大橋付近。上流の取水堰堤によって水が抜かれた流域の減水区間の様子

堰堤の造設により、魚の遡上や礫の流下が抑制されてしまった一例

護岸工事で単調化された青森県八戸の河川

に産卵床を掘り起こして卵を産み付けるサクラマスにとっては繁殖を行なう上でも必要不可欠な要素である。

上述のように、砂礫の流失は水生生物の減少だけでなく、河床の低下をまねくといった構造上の問題も引き起こす。たとえば、健全な川では河床への砂礫の供給と浸食が適度な頻度で起こるために頻繁に流路（河道）が移動し、河道の固定化や特定の河道の洗掘は起こらない。ところが、砂礫の供給が滞ると供給よりも浸食が卓越してしまうために特定の河道の洗掘が進み、徐々に河道が固定されるようになる。ひとたび河道が固定されると、以降はその河道の河床のみがさらに洗掘されて水深が深くなるため、相対的にその部分の川幅が狭くなる。その結果、河道内では砂礫の流失と合わせて水生昆虫類の生息範囲も徐々に減ることになる。また、河道が固定化された川岸部分ではかろうじて上流から運ばれてくる目の細かいシルトが堆積し、その上に陸生植物や抽水植物が繁茂することでそれまで保たれていた礫間の空隙が目詰まりを起こすようになる。このような状況になると河道内は極端にいえばコンクリートの人工水路のような単調な環境となり、一見すると植物が生え、良好な環境に見えても実態としてはサクラマスの摂餌環境としては充分に機能しなくなると考えられる。これらのことからも、サクラマスが生息する川では砂礫の供給と浸食が適度なバランスで起こり、常に河床に多孔性が保持されることが極めて重要と考えられる。

なお最近、河床の多孔性は川の水温や水質の安定にも寄与する可能性が指摘されている。

著者が米国の研究者から聞いた話では、適度に砂礫の供給と浸食が繰り返される川では川岸に見える石河原の地下にも空隙（多孔性）の空間が広がっており、その部分に多くの河川水が浸透しているという。そのような地下の空隙はある種の断熱空間となっており、日照や気温の影響を受けにくいため、夏にはここを通る水を冷却し、冬には水温の低下を緩和する機能があるという話だった。またここからは著者の推察の域を出ないが、このよう

河道が洗掘され、川床の岩盤が露出している

礫で埋まり機能していない魚道

な空隙は川の水質を安定（浄化）させ、ある種の水生生物の生息空間としても機能しているかもしれない。以上の知見はいずれも河床の多孔性が川の生態系にとって有益であることを示唆するものであり、日本の川においてもさらなる検証が待たれる。

●生物の問題

上述したように、河床の砂礫が減少するとそれに連動して水生昆虫類などの餌生物も減少すると考えられる。また空隙の少ない護岸工事や護床工によっても、エサとなる水生昆虫類や小型の川魚の資源量が減少しうる。

また最近、多くの川ではカワウ（*Phalacrocorax carbo*）が増加しており、サクラマスなどの川魚が大量に捕食されることが懸念されている。

さらに近年では、多くの川に国内、国外外来種が侵入しており、サクラマスの捕食や、サクラマスとの競合が懸念されている。とくに、近年になって急速に川での生息域を拡大しているコクチバス（*Micropterus dolomieu*）やチャネルキャットフィッシュ（*Ictalurus punctatus*）は比較的流速が速い流域でも世代交代を行なうことが確認されており、これまで知られているオオクチバス（*M. salmoides*）以上に注意が必要な外来種となっている。最近ではこれらの国外外来種が東北地方の川にまで分布域を広げており、さらなる生息域の拡大を防ぐための防除策を案出することが急務となっている。

川で見られる水生昆虫類

カクツツトビケラ属の巣と、中央はイメージの似ているフライ（毛バリ）

ヒゲナガカワトビケラの成虫

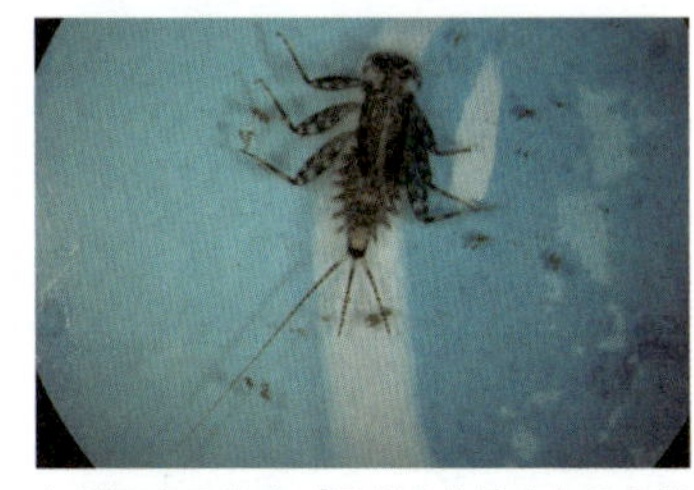

カゲロウの幼虫（尾が２本途中から欠損している）

フライフィッシングで釣れた春の河川残留型ヤマメと、その胃内容物。流れを流下する羽化途中の小型のカゲロウを飽食していた

羽化したばかりのカゲロウ（亜成虫）

近年は多くの河川でカワウの増殖による魚類資源の減少が懸念されている（宮城県大沼）

カワゲラの幼虫

●漁獲の問題

サクラマスの漁業は本種の資源量（個体数）が充分に保たれていた時代には大きなインパクトではなかったと推察されるが、個体数が減少傾向にある昨今では漁獲が資源減少に追い打ちをかける構図になっている可能性が考えられる。漁業による個体数減少を回避することが必要となった場合には、主要な漁場となっているいくつかの川や海域での漁獲枠を調整することなどが今後必要になると考えられる。

一方、サクラマス（ヤマメ）は川でも釣りや網などによる漁獲が行なわれている。ただし、かつてはサクラマス（ヤマメ）を釣りで漁獲する専業・兼業の川漁師もいたが、現在は愛好家がレクリエーションフィッシングの一環として釣獲するケースが多い。愛好家による漁獲圧は、一人一人はさほど大きくないが、本種の主要な生息域である上流域や支流域では成魚の生息密度が低く、他の流程に比して成魚の生息尾数が少ないため、限られた場所に多くの釣り人が押しかけると個体数の減少を招き、再生産に影響を及ぼしかねない。そのため近年では一部の河川がいわゆるキャッチ&リリース（C&R）エリアとなっている。宮城県荒雄川に設置されている荒雄川C&Rエリアなどでは一定の保全効果が出ているように見えるが、科学的な検証はまだ充分に行なわれていない。

●遺伝的撹乱の問題

サクラマスの資源減少の一因として、養殖場で数世代にわたって継代飼育された養殖種苗や、他の水系に由来する個体群の放流による遺伝的攪乱の影響が指摘されている[6,7]。放流用の養殖種苗は、たとえ放流先の川の親魚から採卵した種苗であっても数世代の継代飼育で遺伝的変化が起こり、たとえばストレスに対する感受性の低下や、外敵からの逃避行動の減少などが顕著となることが懸念されている[6]。また、サクラマスでは銀化変態の発現時期や発現割合などが地域ごとに異なっていることから、基本的に遺伝的形質も地域ごとに異なる可能性が高い。そのため、ある個体群を本来とは異なる水域に放流することは、遺伝的攪乱を通して天然資源の個体数減少につながる可能性があり[7]、極力行なわないようにすることが肝要と考えられる。

2　サクラマスの保全に必要な観点

以上のように、サクラマスでは現在、いくつかの要因によって全国的に資源の減少が起こっており、今後のさらなる保全の取り組みが必要と考えられる。具体的に本種の保全を推進するにあたってはまず、上述したような資源減少につながる阻害要因を取り除き、本来の生息環境を復元することが望まれる。しかし、実際には一度変わってしまった川の姿を本来の状態に復元するためには多大なコストも伴う。そのため、まずは本種の個体群の増加を最優先課題とし、最短の期間と最少の労力で、ある程度の保全の成果を得るための戦略を立てることが重要となる。そのためには現在の川の状況を踏まえながら、重点的ないくつかのポイントに注力して必要最低限の河川機能の復元をはかることが現実的と考えられる。その際、著者が提唱する、サクラマスの保全を進めるうえでポイントとなる川の条件（環境）が、以下の３点である。

①降河・遡上できる流域環境
②砂礫の供給による河床の多孔性
③最低水量・最低水位の確保

まず、サクラマスは通し回遊魚であり、川から海への降河回遊や河川内での遡上回遊を行なう魚種であることから、彼らを保全するためには産卵水域から海に至るまでの流域に、降河や遡上回遊行動を抑止する障壁が極力ない流域環境を構築することが必要である。

２点目に、サクラマスの摂餌・産卵環境や周辺の水質を安定させるため、河床に適度な頻度で砂礫が供給され、多孔性が保持されることが重要である。

また３点目としては、本種のエサとなる水生昆虫類の生息空間を安定させ、過度の水温の変動を抑えるため、川の最低水量（水位）の確保と安定を目差すことが極めて重要と考えられる。

引用文献

1 環境省：気候変動の観測・予測及び影響評価総合レポート　日本の気候変動とその影響（2012年度版）．
2 近藤純正，菅原広史，高橋雅人，谷井迪朗：河川水温の日変化（2）観測による検証—異常昇温と魚の大量死事件—．水文・水資源学会誌，8(2)：197-209, 1995.
3 林田寿文，新居久也，渡邊和好，宮崎俊行，上田宏：サクラマススモルトの降下時における美利河ダム分水施設の評価．土木学会論文集B1, 71(4): 943-948, 2015.
4 福島路生，亀山哲：サクラマスとイトウの生息適地モデルに基づいたダムの影響と保全地域の評価．応用生体工学，8(2)：233-244, 2006.
5 棟方有宗：サクラマスその生涯と生活史戦略（3）．海洋と生物，233: 617-620, 2017.
6 Yamamoto T., Reinhardt U.G.: Dominance and predator avoidance in domesticated and wild masu salmon Oncorhynchus masou. Fisheries Science, 69: 88–94, 2003.
7 真山紘：サクラマス生態ノート．魚と卵，159: 7-21, 1990.

Chapter 10
サクラマスの利活用
Utilization and Application of Masu Salmon

本チャプターでは産業（漁業、養殖業、食産業、レクリエーションフィッシング、観光）や研究、教育などの分野におけるサクラマスの利活用について議論する。

1 漁業

かつて、サクラマスの資源が最も多く利用されてきた分野が漁業であるが、残念ながら本種の漁獲量は年々減少する傾向にある。たとえば現在でも行なわれている沿岸漁業の漁獲量は1980年代には2000トン前後あったものが、2000年代に入ると1000トンを下回り、以降はそのまま低い水準で推移している[1)]。漁獲量が減少した理由としては、1980年代半ばまで盛んに行なわれていた流網漁や延縄漁に就労する漁船数が減少したという漁獲統計上の問題の可能性もあるが[1)]、それを差し引いたとしてもサクラマスの資源量減少も大きく関わっていると考えられる。なお現在、サクラマスの多くは主に北海道や東北地方の沿岸定置網や刺し網などで漁獲されている。

川に遡上したビワマスを採卵のために採捕する簗（やな）（滋賀県安曇川）

サクラマス漁業。岩手県三陸沿岸の定置網で捕獲され、漁港に水揚げされたサクラマス

2 養殖業

同じくサクラマス（ヤマメ）が多く利用（生産）されてきた分野が、養殖業である。また養殖された種苗は食用のほか、資源添加の目的で川や湖への放流にも用いられている。

食用としてはこれまで、淡水の養殖場で生産した比較的小型の個体をヤマメとして出荷することが多かったが、最近では全国的なご当地サーモンのブームにのって海面養殖施設でより大型に育成した成魚が市場に供給されるようになってきている。なかでも早くから商業ベースで海面養殖が行なわれているのが、宮崎県のサクラマスの海面養殖であろう。また、近年では試験的に岩手県の釜石などでもサクラマスの海面養殖が行なわれている。

なお、最近ではサケ科魚類を閉鎖循環式の陸上養殖施設で大規模に生産する動きも出てきている。我が国の食用のサケ類としてはこれまで、主に国内で漁獲されていたシロサケや、宮城県志津川の海面養殖ギンザケ、ノルウェー（アトランティックサーモン）やチリ（ギンザケ）から輸入される外国産のサケで構成されていたが、近年の食の嗜好の多様化等を背景に、今後は食資源としてのサケ科魚類の需要がさらに高まるのではないだろうか。

いっぽう、サクラマスやヤマメの養殖種苗の川や湖への放流は、国、都道府県などの自治体、研究機関が推進する大型のプロジェクトから漁協や有志が行なう小規模なものまで、多種多様な形態が見られる。こうした放流は、いずれも放流水域のサクラマスの資源の増大や安定を企図して行なわれているが、残念なことに本種ではめざましい放流効果があがっている事例は少ない。なぜだろうか。このことについて概観するため、現在行なわれている放流形態について簡単に整理し、次に課題を探ってみたい。

なお、あらかじめ補足しておくが、次に述べる種苗の放流を行なうにあたっては、極力放流する川由来、または同じ水系由来の原種を種苗の候補として用い、なるべく遺伝的攪乱が生じないように配慮する必要がある。また、後ほどあらためて議論するが、種苗放流は基本的には河川や海域の環境が回復するまでの代替措置として位置づけられ、今後のサクラマスの資源管理においては放流によらない河川環境の保全を目差すことが大前提であることを、私見として申し添えたい。

●サクラマスの種苗放流の形態

サクラマスの種苗放流の形態を放流魚の体サイズが大きい順に並べると、成魚放流、稚魚放流、発眼卵放流となる。また最近では養殖したサツキマス（アマゴ）やサクラマス（ヤマメ）の成熟親魚を川に放流し[2)]、これらの親魚に自発的に卵を生ませる方法も検討されている。本稿では便宜的にこれを、〝産卵親魚放流〟と呼ぶことにする。

・成魚放流

成魚放流は、主に川や湖などでのレクリエーションフィッシングのために広く行なわれている。放流後、ただちに好適なサイズの魚が釣れることなどがメリットであるが、その分だけ持続的な資源量安定への寄与は少ないと思われる。理由としては、これらの成魚は長期間（1年以上）にわたって飼育環境下で給餌飼育されるため、基本的にはどんなエサでも釣られやすく、外敵に対する防衛能力が未発達なため捕食者に捕られやすい、自然な水環境での遊泳経験が乏しいために適切な定位行動がとれず下流方面に移動しやすい、といった特性があるためと考えられる。他の多くの動物と同様、サクラマスも飼育の期間が長くなるほど自然界への適応が難しくなると思われる。

こうした成魚放流のデメリットを克服するため、米国などでは稚魚期から飼育水槽に適度な流れを付したり、砂礫や流木などの隠れ家を添加したりすることで放流の前にある程度の河川環境を経験させるといった近自然的な飼育方法が検討されている[3]。また、養殖場で放流前に天然の水生昆虫などを給餌することで、エサの識別能力や摂餌スキルが向上することなども報告されており、新たな養殖テクニックとして注目を集めつつある。しかし、こうした方法では大量の魚を生産するのが難しいといったコスト面でのデメリットが大きく、実用化までにはまだ多くの課題が残されているのが現状である。

一方、近年では従来のイワシ魚粉ベースの配合餌料に加えて、昆虫由来成分を用いたサケマス餌料の開発が進められている。その本来の目的は生産コストの削減であるが、もしかするとこうしたエサを用いることで養殖魚の昆虫に対する親和性を放流前にある程度高めておくことも可能かもしれない。いずれにしても、養殖技術にはまだまだ発展の余地はあると思っている。

サクラマス群の種苗放流の様子
（台湾でのサラオマスの放流活動）

日本国内の標準的な
サケ科魚類養殖施設

サクラマスの養魚場

宮城県内水面試験場

ニジマスの養魚場

・稚魚放流

稚魚放流では放流後しばらくは稚魚が漁（釣）獲の対象サイズとならない点がウイークポイントといえるが、事業者側にとっては飼育期間が短いぶんだけ放流にかかるコストが小さくて済むというメリットがある。また基本的に放流稚魚には漁獲や釣獲の圧力がかかりにくいため、放流後は川や湖の環境に適応し、野生状態に近づくための時間的猶予が与えられるといったメリットが生じる。結果、放流後にうまく環境に適応した個体は親魚まで成長し、資源としての利用や、天然魚と同様の再生産を行なうことも期待される。

一方、放流した稚魚が海に降りる降河回遊型となることを期待して行なわれる放流事業では、多くの現場で顕著な成果（回帰親魚数の増加）があがっていないのが現状といえる。要因としては、稚魚が放流されてから降河回遊を開始するまでの間に一定の期間があるため[1)]、その前後の稚魚の減耗率が大きい可能性や、人工の種苗では降海後に母川回帰するうえで必須となる〝母川記銘〟が上手く行なわれない可能性などが考えられる。

もし生残の問題が大きいのであれば、基本的には川に放つ種苗数を増やすことである程度は回避できると思われる。著者は、母川記銘の不具合のほうを懸念している。もし記銘のほうに何らかの問題があるならば、サクラマスの母川記銘の生理的機構をさらに研究し、種苗放流に反映する必要があるが、依然として不明な点が多いのが現状といえる。そのため、著者は現状では母川の記銘が開始されるタイミングよりも充分前に稚魚を放流することを基本としつつ、その間に母川記銘の研究を進めることが望ましいと考えている。

では、放流種苗において母川記銘がうまくいっていないとしたら、その理由は何だろうか。次述するように著者は、サクラマスなどの母川記銘がそれなりに長期のプロセスで構成されていることが背景にあると見ている。たとえば本来、天然のサクラマスはまず自分が孵化した産卵水域（上流域）の匂いや景色を環境情報として記銘し、そこから川を降りながら順次、途中で加わってくるほかの支流の環境情報やそれに伴って変化していく本流域の匂いなどを加算的に次々と記銘し、最後に総和として下流域（河口域）の環境情報を記銘して海に出て行く可能性を考えている（図1）。

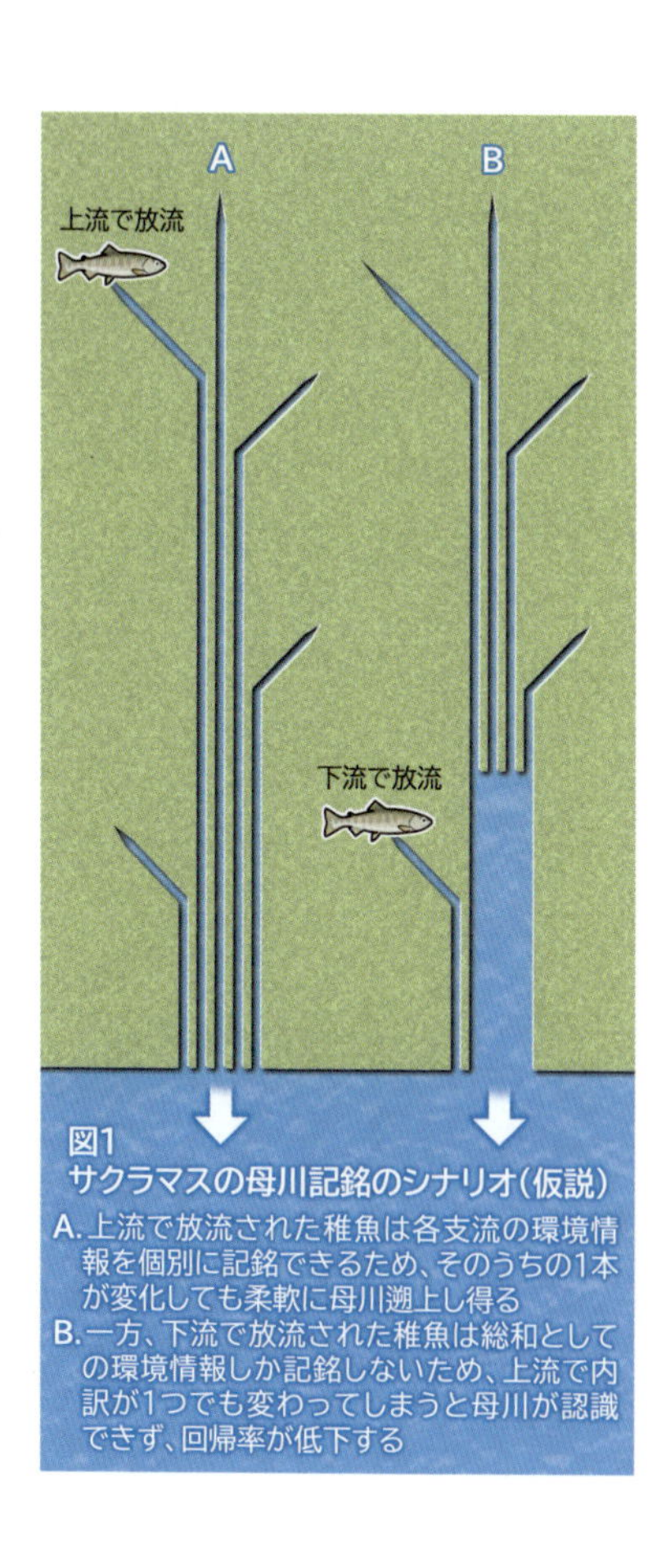

図1
サクラマスの母川記銘のシナリオ（仮説）
A. 上流で放流された稚魚は各支流の環境情報を個別に記銘できるため、そのうちの1本が変化しても柔軟に母川遡上し得る
B. 一方、下流で放流された稚魚は総和としての環境情報しか記銘しないため、上流で内訳が1つでも変わってしまうと母川が認識できず、回帰率が低下する

このような記銘の機構は一見すると煩雑で、サクラマスにとっても非効率にも見える。だが実は、こうなっているほうがサクラマスの母川回帰はうまく行なわれる可能性がある。図を見ながら説明したいが、要するにこの記銘が行なわれる過程ではサクラマスが母川の情報をいくつかの情報の束として認識しているため、仮に彼らが海で索餌回遊を行なっている間に1本の支流の匂いが変化したとしても、残りの束の環境情報を手掛かりとすることで引き続き母川や産卵息を見つけることができると考えられる。

その一方で、もしも稚魚が海に近い場所で放流されてしまうと、そのぶんだけ記銘情報の束を構成する要素は少なくなってしまう。そのような条件の下で上流域1本の支流の情報が変化してしまうと、稚魚では記銘情報の混乱が生じ、母川を正しく識別できなくなる可能性も考えられる。こうした母川記銘の柔軟性と安定性を担保するためにも、放流種苗には天然魚と同じように、卵から孵化して順次、川の情報を記銘していくプロセスを辿らせることが、最も回帰率を上げる方法ではないかと思っている。つまり、放流種苗は可能な限り早い段階で産卵水域に近い上流域から放流することが望ましいと考えている。

なお、北米の孵化場の多くは、このことに配慮しているかどうかは別として、比較的上流の産卵水域の近くに設置されている。おそらくそれは、日本のサケ孵化場が主に下流域で産卵するシロサケを対象として運用されてきたのに対して、北米では比較的上流域で産卵するスチールヘッドトラウトやマスノスケを主に生産してきたためだと思われるが、サクラマスでもこのような方式で孵化や稚魚放流を行なうことが奏功する可能性も考えられる。

サクラマスの発眼卵埋設放流（直まき）の準備をしている様子

幸い、日本の山間部には今でも小規模な養鱒場が多く見られ、ヤマメやイワナなどの養殖が行なわれている。これらの施設のいくつかで降海型のサクラマスの現場生産や種苗放流を行ない、母川回帰率が向上するどうかを研究すると案外面白いのではないだろうか。

・発眼卵放流

発眼卵（埋設）放流は、種苗（卵）の飼育期間が短く、給餌の必要もないため、放流までのコストをかなり抑えられる。また、川で孵化した稚魚は最初からその川固有の自然環境に曝されることから、うまくすればほぼ天然魚と同じライフサイクルを辿ることも期待される。その点において、発眼卵放流は最も天然魚に近い種苗をつくり出せる可能性を秘めた放流形態であり、上述した親魚の母川回帰への正の効果も期待でき、著者も今後の普及に期待している。

その反面、発眼卵から孵化した稚魚は漁業（釣

カナダ・ブリティッシュコロンビアのの孵化場（写真奥）

獲）資源として利用できるようになるまでの成長期間がかなり長く、上述のようにひとたび川で成長を始めると在来の天然魚との区別もつきにくくなる。そのため、この手法が成魚放流や稚魚放流と比べてどの程度の資源添加効果があるのかを適切に評価することが今後の課題である。

上述したように、サクラマスの母川記銘の機構が充分に解明されていない現段階においては、放流種苗に天然魚と同様のライフサイクルのプロセスを辿らせることが最も確実だと思われる。その手段としても、発眼卵放流は最も理想的なアプローチといえるかもしれない。

・産卵親魚放流

この方法は、養殖池などで成熟した雌雄の親魚を産卵期の少し前に川に放流しておき、以降は放流親魚の自発的な産卵行動によって受精卵が放たれることを目差すものである。上述の発眼卵埋設放流にくらべても、親魚を川に放流するだけですむため、放流にかかるコストはさらに少ない[2)]。

また、この手法では放流した雌雄の親魚が周囲にいる複数の親魚の中から自発的に配偶者を選択することが期待されるため、人工授精で作られる受精卵や稚魚に比べて近交弱勢などの遺伝的な問題が生じにくいと考えられる。

3 食産業

上記した漁業・養殖業で得られたサクラマスの流通先の1つが、食産業である。サクラマスは古くから日本人に食資源として利用されてきたが、それらの多くは魚市場や小売店を通じて鮮魚として流通している。それに対して、加工食品として広く流通していたのが、富山の神通川のサクラマスを用いて作られたます寿司などであろう（ただし現在、ます寿司の一部はサクラマスの供給量が少ないため別種を用いて生産されている）。

4 レクリエーションフィッシング

漁業や養殖業の市場規模に匹敵するサクラマス（ヤマメ）の利用方法として、レクリエーションフィッシング（以下、釣り）がある。遡河回遊魚である本種の場合、釣りが行なわれるエリアは海面と内水面の双方と、実は他の魚種と比べてかなり広いといえる。

海（海面）においては近年、北海道や東北地方で冬から春にかけて、遊漁船による親魚のジギングが人気を集めている。海域と時期から類推して、この釣りでは越冬と母川回帰

北海道のサクラマス釣り。船からねらう場合は近年ジギングが人気

秋田県子吉川。フライフィッシングでサクラマスをねらう

北海道洞爺湖。岸から立ち込みルアーでサクラマスをねらう

のためにオホーツク海方面から南下してきた母川回帰前の親魚を対象にしていると考えられる[4)]。また北海道などの一部の海岸では近年、沿岸に来遊した親魚を岸からねらうキャスティングの釣りも発展している。

川や湖での釣りでは、降河回遊を行なっている銀化魚や母川に回帰（遡上）してきた親魚、河川内に残留しているいわゆるヤマメ（河川残留型・河川内回遊型）、あるいは降湖型といった幅広いサブタイプが対象となるため、釣りの方法や時期が他の魚種と比べて圧倒的に多様化しているのが大きな特徴である。

たとえば、これらの釣り方はまず大きくエサ釣りと擬似餌釣りに分けられ、擬似餌釣りはさらに西洋発祥のルアー・フライフィッシングと日本古来の毛バリ釣り（テンカラ）に分類される。これだけみても、本種の釣り方が他魚種よりもかなり多様なことがわかる。

渓流のエサ釣りでヤマメ（河川残留型）をねらう

岩手県閉伊川本流で釣れた遡上サクラマス

手軽にマス釣りが楽しめる管理釣り場

エサ釣りは、テンカラ釣りと並んで我が国で古くから普及している釣り方であり、竹製のノベザオ（和ザオ）による釣りに起源するものである。エサは、その水域ごと、季節ごとに出現する水生・陸生昆虫やミミズ、イクラなどの多くの種類を用いることから、後述する教育の場においてもサクラマスの食性や食物連鎖などの摂餌生態を学ぶための教材としても利用できる可能性を秘めている[5)]。

擬似餌釣り（ルアー、フライ、テンカラ）は、ルアーでは金属製や木製の比較的大きく重い擬似餌を用い、フライやテンカラは鳥の羽根などでできた比較的軽い擬似餌を使うことから、どちらかというとルアーが大型のエサである魚などを模し、フライやテンカラが水生・陸生昆虫などの小型のエサを模す場合が多い。また、エサ・擬似餌釣りともに対象となるサクラマスのステージや体サイズによって用いるサオの長さや硬さが細分化

台湾の「鑑魚台」

されているため、一連の釣り道具を販売する釣り業界の市場もかなり広い。

また近年では自然の川や湖だけでなく、人工の池などに井戸水を供給してサクラマスやニジマス（*O. mykiss*）などを放流し、レクリエーションフィッシングを行なわせることに特化した、管理釣り場も普及している。このように、レクリエーションフィッシングは漁業（遊漁船）や養殖業（種苗放流）とも関連を持っており、サクラマスを取り巻く産業として極めて重要といえる。

5 観光

日本国内ではサケ科魚類を資源とした観光はなじみが薄いが、台湾の大甲渓ではサラマオマス（*O. masou formosanus*）を対象としたバス見学ツアーなどの観光が盛んに行なわれている。ただしこれは、サラマオマスが台湾においては国魚として、国レベルで保全が叫ばれている重要生物だからでもあり、裏を返せば知名度と資源量が少ない希少性が観光資源としての価値につながている。

翻って日本のサクラマス群は、絶滅が心配されるほどの希少種ではないため、観光資源化を図るうえではサラマオマスとは異なる切り口が必要と考えられ得る。たとえば著者は近年、宮城県広瀬川に生息するカエルの一種であるカジカガエル（*Buergeria buergeri*）の見学ツアーを春に行ない、好評を得ている。カジカガエルは仙台では希少種というほどではないが、鳥のさえずりのような美声が聞けることが特徴であり、カエルそのものは見えない夜間のツアーにもかかわらず、鳴き声を目当てに参加する方が多い。つまり、こうした生き物では何か1つでも魅力的な特徴があれば、観察ツアーなどの観光資源になり得ると思われる。

前述したように、サクラマスなどのサケ科魚類はメスの digging やオスの attending のようなビジュアル的にも特徴的な産卵行動が見られることから、産卵の観察ツアーなどは興味を引くかもしれないと思っている。

サクラマス群以外のサケ科魚類に目を向けると、欧米やニュージーランドなどの諸外国では釣り人や釣り未経験の観光客を対象としたフィッシングガイド、あるいはサケ科魚や周辺の環境を観察するネイチャーガイドツアーが行なわれ、観光に準ずる産業として定着している。日本ではまだこうしたガイドツアーは充分に普及していないが、北海道や東北、関東などの釣り環境が整った一部のエリアでは小規模ながらフィッシングガイドツアーが実践されており、今後は外国からの釣り客も対象としてさらに発展、拡充することが期待される。

6 研究（遺伝的資源）

サクラマス群のそのほかの利活用方法として、最後に研究（遺伝的）資源としての利用についても触れておく。なぜ、サクラマスは研究や遺伝的な資源として価値づけられるのだろうか。

まず、前提としていえることは、サクラマスに限らず、地球上のあらゆる生物種が、我々にとってはかけがえのない（生物）資源になりうる、ということである。たとえば極端な話、それまで見向きもされていなかったある植物から、ある日突然、有益な薬効成分が発見されたり、生命の進化の謎を解く手がかりとなる物質やメカニズムが見つかったりするということが実際に散見されている。つまり、今は見つかっていないだけで、あらゆる生物には何らかの重要な情報が潜在している可能性がある。もしもこうした生物がある特定の国にしか分布していなければ、その国にとっての戦略的資源にもなり得る。そこまで極端ではないにしろ、サクラマス群にも将来の食資源や魚類の保全に貢献する、潜在的な価値が潜んでいるかもしれない。これが、地球上のあらゆる生物の多様性（生物多様性）を保全する理由の1つであり、当然ながらこの理屈はサクラマス群にも当てはまる。

さて、サクラマスはロシアから九州にかけての広い範囲に生息しているが、こと日本では、河川残留型や一連の降河回遊型といった固有性の高いサブタイプが見られていることなどから、本種は我が国にとっての重要な生物学的（遺伝的）資源と見なせる。

またサクラマス群のサツキマスやビワマスはどちらも日本国内のみに生息することから、これらの2タイプも我が国固有の資源と認識し、将来の幅広い利用に備えて原種を保全することが強く望まれる。つまり、サクラマス群を保全するのは釣り人や、環境保全のためだけではないといえる。

加えて、台湾の大甲渓周辺にのみ生息するサラマオマスも、サクラマス群の4タイプのうちの1つと考えられる。上述の定義に従えば、サラマオマス自体は当然ながら台湾にとっての生物学的資源と位置づけられるが、上記した国産の3タイプとあわせることで見えてくる別の資源的価値もあるものと思われる。将来的には日台が協調してこれら4タイプの遺伝的性質や形態、生理的機構を網羅的に把握することが、両国のサケの基礎研究にとって極めて重要な取り組みとなり、サクラマス群保全の強力な動機ともなろう。

7 教育・啓発

7点目は、サクラマス群を材料とした教育や啓発の取り組みである。これらは従来の学校の教科としての生命科学や生態学だけでなく、地域の保全や地域産業、地域文化といった実学について学ぶ機会とすることが期待できる[5)]。

まず、サクラマス群を教材とすることの意義（期待）について簡単に述べる。上述のように本種は我が国周辺のみに生息する固有性の高い生物資源といえる。こうした希有な生物の存在を子供たちに知ってもらうことで日本の生物相や自然、環境が好きになる子供が増えるとともに、将来的にはサクラマスなどの魚類を利活用する水産業や釣り業界の裾野が広がるなど、産業が活性化することも期待される。つまり、教育を通じてサクラマスを利用する次世代の担い手、あるいはサクラマスファンが育つことが期待できる。

一方、サクラマスは資源量が減少している希少魚類であり、喫緊の保全活動が課題となっている。このような希少魚の保全を推進するためには、研究者や釣り人などの一部の人間が保全の必要性を主張するだけでは不十分と考えられる。むしろ、サクラマスと産業との関わりや、本種のさまざまな利活用方法（漁、養殖、食、レクリエーションフィッシングなど）を教育や啓発によって子どもたちや市民に伝え、体験的にそれらの恩恵を享受してもらうことで保全への賛同と推進力が得られることも期待される。つまり、子どもたちは将来のサクラマスの保全の強力なサポーターでもある。

次に、具体的な教育・啓発の進め方（アプローチ）について提案する。すでに何度かふれたように、本種は川と海の間を行き来する遡河性通し回遊魚であり、降海時にホルモンの分泌やエラの塩類細胞の増加といった生物学的な変化が起こることから、優れた生理学の教材となり得る。またサクラマス群の卵（いくら）はほかの魚種よりも数倍以上も大きいため、発生の観察にも適している。さらに発眼卵やふ化した稚魚を身近なフィールドに放流すれば、発生、増養殖、保全、生息環境の観察といったフィールド分野の教材とすることが可能である。さらに、放流後にサクラマスを釣りで採捕し、これらの餌生物や摂餌の様子を観察することもできる。釣獲した魚を調理して食べることでは、食産業や食文化とのつながりを理解することもできる。

また、ここからさらに発展させて、サクラマスと関連するより多くの水産生物についての関心や理解を広げることができるものと考えられる。究極的にはサクラマスの保全に携わる次世代の釣り人や研究者、教育者を育成することも、教育活動のさらなる目標（ミッション）の1つと考えられる。

引用文献

1 さけ・ます資源管理センターニュース　No.2 (1998) (https://salmon.fra.affrc.go.jp/kankobutu/salmon/salmon02.pdf)．

2 徳原哲也，岸大弼，原徹，熊崎博：河川放流した養殖アマゴ成熟親魚の産卵床立地条件と卵の発眼率．日本水産学会誌，76(3): 370-374, 2010.

3 Desmond M., Berejikian B., Flagg T.A., Mahnken C.：Development of a natural rearing system to improve supplemental fish quality, 1996-1998 Progress Report, Project No.199105500, 1-174.

4 棟方有宗：サクラマスその生涯と生活史戦略（4）．海洋と生物，234: 82-85, 2018.

5 棟方有宗，三浦剛：サクラマスのライフサイクルの調節機構の解明と教材化．宮城教育大学紀要，43, 105-112, 2008.

Chapter 11

サクラマスの保全

Conservation of Masu Salmon

前のチャプターではサクラマスの資源減少の要因や本種の利活用法について述べた。そこでここでは、これらの双方の視点をクロスオーバーさせつつ、サクラマス群の保全についてあらためて考えてみたい。

多くの川で減ってしまっているサクラマスの資源量を回復、安定させるためには、①資源量を減少させている要因の除去や、②人間による生息環境の復元や維持管理といったアシストを行なうことが肝要である。またそれでも資源量が充分に回復しない間には、③一時的なサクラマス資源の添加（放流）が有効と考えられる。ただし、放流ありきでは持続的な保全が困難であることは、すでに述べたとおりである。

1 資源量減少要因の除去

前述したように、河川のサクラマス（ヤマメ）の資源量が減少する要因の多くは、生息環境の物理・化学・生物的な改変によるものと考えられる[1)]。たとえば物理的な改変として、水源林の伐採による平常時の流量の減少や、ダムや堰堤などの河川横断工作物による生息水域の分断、下流域に供給される砂礫の減少などが挙げられる。ならば、逆にそうした状況をもたらす要因を取り除くことで、生息環境が回復に向かうことも期待できるはずである。たとえば上記の事例の場合は、水源林の伐採の中止や、ダムや堰堤の撤去などがこれにあたる。

また、こうして減少要因を完全に除去できない場合にも、影響をもたらす要因を部分的に取り除くことでも一定の効果が期待できるケースも多い。たとえば治水などの理由でダムや堰堤の撤去が困難な場合でも、堤体としての機能は保ちつつ、魚道の追加やスリット（切り欠き）の開削といった部分的な改修で対応することも可能と考えられる。

なお、追加式の魚道は生物の移動を回復させる効果がメインであるのに対して、スリットは構造次第では砂礫の供給機能も回復させるため、より生息環境回復への寄与が大きい。今後はこうしたスリット化を適宜進めることが望まれる。

2　人間のアシストによる生息環境の復元と維持管理

一方、すでに改変してしまった環境においては、減少要因を取り除いただけでは本来のサクラマスの生息環境が充分に回復しないこともある。その場合は人間のアシストによる生息環境の復元や維持管理（手入れ）が必要と考えられる。

よく知られているのが〝里山〟の事例である。里山は、かつての原生林が人によって伐採され、新たに人工的に作られた空間（二次林）である。ここでは定期的に植樹や伐採、下草刈りなどの手入れが行なわれることで環境が保たれてきた経緯がある。そのため、里山は人が管理から手を引いてしまうと一気に荒廃し、生態系の機能も低下してしまうことがわかっている。よくいわれるように、〝一度人間が関わってしまった自然〟に対しては、それ以降も一定のレベルで関わり続ける必要がある。

●水源林の手入れ

一度伐採された水源林は、単に伐採を止めただけでは直ちには元の姿には復元しない。そのため、人が手を貸して植林を行ない、その後も定期的に間伐などの維持管理を行なうことが有効と思われる。

なおここで、水源林の保全は川の流量の安定だけでなく、サクラマスの摂餌環境の安定にも寄与することについて確認しておきたい。

水源林の植物の一部（たとえば河畔の広葉樹からの落葉）は、川に暮らす多くの生物にとって、基盤となる栄養源の1つになっている[2)]。しかし、動物食性であるサクラマスなどは当然ながらこれらの栄養源（落葉）をダイレクトに食べることはできない（図1）。それができるのは、落葉をかみ砕いて食べる摂食様式を持つ、破砕食性（シュレッダーshredderと呼ばれる）の一部のトビケラなどの水生昆虫類であり、サクラマスたちはシュレッダー類を捕食することで間接的に水源林からの栄養を摂取している。もしも量・質（樹種）の面で充分な水源林が保全されていなければ、シュレッダーたちの現存量が不安定に

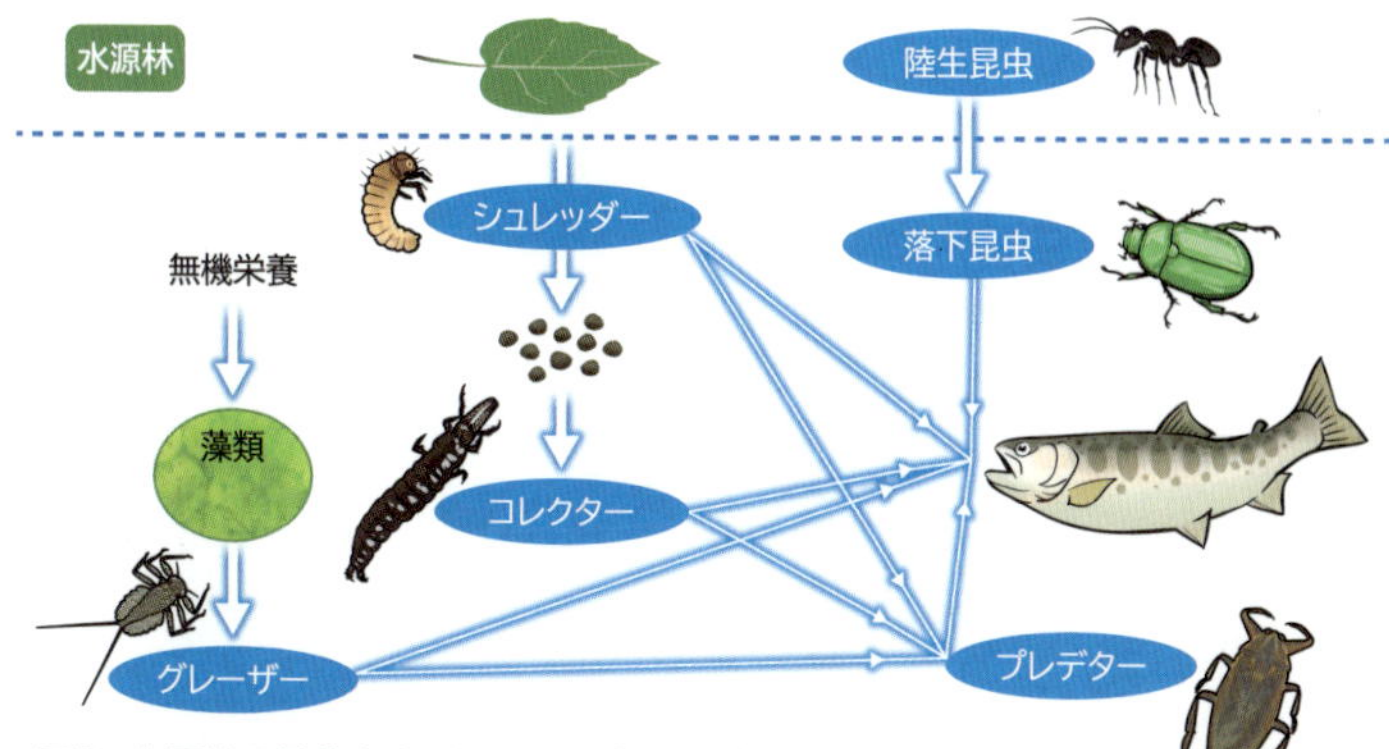

図1　水源林の植物からサクラマス(ヤマメ)にいたる食物網の一部

水源林の植物(広葉樹からの落葉)は、シュレッダーと呼ばれる水生昆虫の分類群に摂食される。それによって生じた粒子状の有機物や無機栄養は、その下流にいるコレクターやグレーザーに直接・間接的に利用される。またこれらすべての水生昆虫類はプレデターに捕食されうる。サクラマスはこれらの分類群をまんべんなく捕食することで安定的に水源林の栄養を享受する

なり、ひいてはサクラマスの摂餌条件も悪化することになる。

一方、落葉を摂食するシュレッダーは水生昆虫類全体の中では種数が限られ、生息域もある程度まとまった落葉が起こる上流域に偏るため、サクラマスの摂餌対象としては必ずしも充分ではない。しかし、自然界はうまくできており、そこから少し下った中流域には、シュレッダーたちが食べないような細かい有機物の粒子を拾い集めて食べるコレクター（corrector）と呼ばれる水生昆虫類や、水源林由来の無機分を養分として礫の表面などに生える藻類をそぎ取って食べるグレーザー（grazer）と呼ばれる水生昆虫類、さらには上記の水生昆虫類のほとんどを捕食対象とするプレデター

(predator) と呼ばれる肉食性の水生昆虫類などがいて、多様かつ安定的な食物網 (food web) を形成している[2]。つまり、水源林を保全することによって水生昆虫類の多様性と安定性が担保され、同時にサクラマスの摂餌メニューが多様化して資源量がさらに安定すると考えられる。

一方、川の周辺の陸上には同様に水源林 (とくに河畔林) に依存して生息する多種多様な陸生昆虫類がおり、これらが川に落ちて落下昆虫となることで、サクラマス群の摂餌対象となる。

一般に、水生・陸生昆虫類は多くが春から夏の間に成虫となることが知られている。また、水生昆虫類の多くは成虫になると (羽虫のスタイルとなって) 陸上に移動する。このことから、とくに夏の間、水中では大型の水生昆虫類の資源量が少なくなり、夏のサクラマスの摂餌対象としては相対的に水面に落下する落下昆虫類のウエイトが増すことになる。

ところが、落下昆虫が水面に落ちてくる場所や、これらが流れつきやすい流れの筋はある程度限られており、水生昆虫の幼虫などに比べると、エサ資源の分布は偏る傾向が強くなる。それ故、サクラマスではとくに夏の間、摂餌場所をめぐるなわばり争いがことさら激しくなると考えられる。つまりこうした一連の生態学的現象も、サクラマス群がその後、河川残留型となるか、あるいは降河回遊型となるかといった回遊生態に影響を及ぼしていることになる。

●河床の手入れ

近年、多くの川ではダムや堰堤によって本来の砂礫の供給や浸食といったプロセス（河床の流動性）が抑制されており、空隙（多孔性）の多い川底の割合が減少している[1)]。こうした変化はサクラマスのエサとなる水生昆虫類の現存量や、サクラマスの産卵に適した河床を減少させることで本種の資源量を圧迫すると考えられる。そのため、水源林と同様、河床の手入れもサクラマスを保全する有効な手立てと考えられるが、水源林に比べると手入れの動機や、誰が手入れをするかといった体制がわかりにくい状態となっている。

かつて、日本の一部の川ではウグイ（*Tribolodon hakonensis*）を対象とした〝瀬付き漁〟などと呼ばれる漁業（川漁）が盛んに行なわれていた[3)]。この漁ではウグイが空隙の多い砂礫に群がって産卵する性質を利用し、漁師が人工的に造成した水通しのよい砂礫の河床（瀬）に親魚を呼び寄せて投網などで捕まえる。そのため、瀬付き漁は結果的に河床の多孔性を増やすこと（手入れ）に貢献し、川の水質の安定にも寄与してきたものと考えられる。一見すると、こうした漁もウグイの産卵親魚を一網打尽にし、資源圧迫につながるとの声も聞かれる。しかし、個人的には川の環境が良好でさえあれば、ウグイという魚がこうした漁法で激減する可能性は低いと思っている。それどころか、瀬付きのための人工河床では漁の合間にウグイが産卵を行なう様子が見られるが、その後、実際に漁獲されるのは親魚だけであり、産み落とされた多くの受精卵は良好な人工環境で発生を続け、次世代として加入するものと考えられる。つまり瀬付き漁は漁獲と同時に次世代のウグイの増殖にも寄与しており、世界的に見ても類がない、極めて持続的な漁法だといえる。またこうした河床の造成作業は水生昆虫などの資源増加にも結び付くはずであり、その点ももっと注目されてよいと思っている。

これまで、川漁師の漁ではとかく川魚を獲ることで資源量を減少させる側面に目がいきがちであったが、このように、いくつかの漁法に関しては他の河川生物の資源安定にも直接・間接的に寄与しているものと考えらえる。専業でなくとも新たな保全の形としてこうした川漁が続けられることが期待される。

一方、近年では上記した川漁に加え、ウグイやアユ（*Plecoglossus altivelis*）の資源保護の観点からの人工産卵床造成（河床の手入れ）が行なわれており、これらもまたサクラマスなどに対してもポジティブな効果をもたらすことが期待される。最近、内水面漁業では従来の種苗放流に加えて河床整備も漁場管理の一環として機能することが認識されはじめている。後述するように、究極的には徐々にこうした河床整備のウエイトを増やし、相対的に種苗放流の割合を減らしていくことが望まれる。

●川に立つ釣り人の効果

次に、釣り人（遊漁者）の保全への関与の可能性について述べる。昭和の後半、今よりも釣り人口が多かった頃には、釣り人の存在もまた川魚の資源を圧迫する生物的な要因になっていたものと推察される。たとえば、著者が生まれ育った東京西部の多摩川水系では当時、週末ごとに押し寄せる釣り人たちがヤマメやアユはおろか、ウグイやオイカワも持ち帰ってしまうため、これらの雑魚の資源も激減しているのではないかとまことしやかにささやかれていた。しかし、近年では人口の減少や、キャッチアンドリリース、バッグリミット（bag limit）といった考え方の普及もあって、釣り人のネガティブインパクトはかつてに比べると低くなっているものと考えられる。

なお、前述したように昨今、多くの川では物理・化学的要因や外来生物などの生物学的要因によって川魚の資源量が減少しており、こうした場所では見かけ上、釣り人のインパクトが大きく見えることもある。しかし、このような魚類の減少は必ずしも釣り人のせいだけで起こっているわけではないことははっきりさせておく必要があり、適切に要因を分けたうえで、現実的なマネージメントプランを案出することも現代の釣り人に課された課題である。

では、近年の釣り人口の減少は、サクラマスの保全の観点では歓迎しうる状況だろうか。著者はそうは感じていない。たとえば多くの川ではカワウ（*Phalacrocorax carbo*）やコクチバス（*Micropterus dolomieu*）といった捕食者による食害が脅威となっている。東北地方の川を橋の上から観察していると、釣り人の気配がない川面ではカワウが悠々と潜水と摂食を繰り返す様子が見られる。一方、著者の限られた経験談ではあるが、広瀬川や、本流ヤマメ釣りが盛んな栃木県の鬼怒川などで釣りをしていると、シーズン中の平日の夕方や、曜日によっては日中からでも多くのアングラーが川に立っていることがある。こうした川では飛来したカワウがあたかも釣り人を避けるようにポイント（カワウにとっても好漁場と思われる）の上空を素通りしていく様子が見られる。また鬼怒川などの河川敷では時折、釣り人などによって捕獲されたとおぼしきコクチバスの死体が見られる（こうした駆除法の是非は今回は議論しない）。定量的な比較は行なわれていないが、ある1つのポイントでは釣り人がサクラマスに与えるインパクトよりも、カワウやコクチバスが与えるインパクトのほうが大きいのではないかと思っている。もしそうであれば、釣り人が川に立つことによってカワウやコクチバスによる食害を防ぐことができれば、一定の防除効果が得られる可能性も考えられる。もちろん、カワウは他の水域にも移動できるため、広域的な食害の被害総額はそう大きく変わらないかもしれない。だが、少なくとも多くの人が川に立つことで主要な流域におけるサクラマス資源の減少がある程度軽減される可能性もある。

また、こうして釣り人（あるいは川漁師）などが川に関心を寄せ、足を運ぶことで少なくともカワウやコクチバスによる被害の実態が把握され、新たな駆除が実施・継続されたり、さらには川で起こる水質の異変などが速やかに察知され、河川環境の保全が後押しされることも期待できる。釣り人や地域の子供たちを含め、多くの人が川を利用することでこうした作用が相乗的に高まることも期待できる。

なお、これらの取り組みをある程度制度として確立してきたのが、英国のエイボン（Avon）川などで見られるリバーキーパー（River keeper）のシステムであろう。日本においてはこうした役割を各河川の漁協や有志の会などが担ってきたが、現在では組合員の高齢化や上述した捕食者の増大もあって、一連の保全活動が滞りがちな川も多い。釣り人などの河川利用者や地域に暮らす市民による自発的なリバーキーパーの形態も、今後はさらに案出されてよいと思える。

3　サクラマス資源の添加

最後に、サクラマスの資源添加による保全について論じる。現在、多くの川ではサクラマスの資源の添加（放流）による増殖活動が行なわれているが、この取り組み自体は基本的には上述した保全策が充分に実現していない間の代替策に位置づけられると思っている。最終的には放流が行なわれなくなる環境を取り戻すことが理想と思われる。

著者が２００４年の春に岩手県陸高田市を流れる気仙川を訪れたとき、下流域の橋の上からS字状に蛇行しながら川を降る魚の帯が見られ、それらのすべてがサクラマスの降海型の銀化魚（ヒカリ。岩手県等での銀化魚の呼び名）であった。当時、現地で知りあった釣り人の１人（飲食店の経営者）は、時間のある日には開店前に必要な数だけヒカリを釣りに来るといっていた。著者らもその後の数年間、春になるとこの川を訪れてサンプリング調査を行なったが[4)]、残念なことに２００４年以降、銀化魚の個体数は年々半減するようになり、２０１０年の春にはそれまでの採集地点でまったくといってよいほど銀化魚を見かけなくなってしまった。この原因は明らかにはなっていないが、こうした川では資源減少の要因を明らかにするとともに、内水面漁業の観点からは河川環境が復元するまでの間、放流による一時的な資源添加も必要と考えられた。

わが国でのサクラマスの放流形態は、前述したように成魚放流、稚魚放流、発眼卵放流、産卵親魚放流と多岐にわたる[5)]。またこれらの放流には保全だけでなく、レクリエーションフィッシングのための短期的な資源添加（主に成魚放流）や、回帰尾数を増やして海域や川での漁獲量を増やすといった漁業の目的などが与えられてきた。

再度整理するが、サクラマスなどの魚類の放流は、本質的には天然資源の回復や安定のために一時的（代替的）に行なわれるものといえる。そのうえで、適切な再生産のプロセスを妨げない範囲で一部の個体をレクリエーションフィッシングや食産業等に利活用することが可能となる。蛇足であるが、このように考えた場合、川に放流する種苗には単に釣り人の釣り欲を満たすことだけでなく、適切に再生産を行なうといった、より天然魚に近い性質が備わっていることが望まれる。この条件に合う種苗とは、在来の親魚に由来する魚か、かぎりなく在来魚と同等の遺伝的性質をもつ同じ水系などの魚ということになろう。

では、実際に在来の親魚から発眼卵や孵化稚魚（種苗）を得たとして、これらをどのように放流に用いるべきであろうか。

たとえば、まず考えられるのが、単純に得られた種苗をすべて放流に用いることである。一見すると、これが（放流量の面で）最も資源量を増加させるように見える。しかし、本書でみてきたように、サクラマスなどでは同じ雌親魚から得られた卵や稚魚であってもそ

気仙川のヒカリ調査のようす

の中には銀化変態の有無や降河回遊のタイミングなどが異なるいくつかのサブタイプ（河川残留型～降河回遊型）が内包されることがわかっている[6)]。

そうであれば、たとえば、降河回遊型となりやすい個体はスムーズな降河が行なわれるように主に中流域に放流し、かたや河川残留型の個体は上流域に放流してレクリエーションフィッシングに用いるなど、適材適所の放流を行なうことも選択肢となり得る。つまり、一見、量的に優れて見える全量の放流は、ある面では必ずしも適切ではない流域にあらゆるタイプの種苗を放ってしまうという非効率を生じている可能性もある。とくに、種苗をある程度育ててから放流することが多いサクラマス群の場合は、そのぶんだけ中間飼育のコストもかさむことになる。せっかくであれば適材適所の放流ができたほうが、生産コスト面でも貢献し得る。また、上述した全量放流では同じエリアへの放流個体数が多くなることで放流魚の過密を生み出し、そこで劣位となった魚が早晩いなくなってしまうなどのデメリットも懸念される。さらに、過密放流では河川環境や在来種に対する負荷も大きくなると考えられる。

そこで、著者らは現在、サクラマスの同一系群の発眼卵や稚魚の中には性質が異なるいくつかのサブタイプ（河川残留型・一連の降河回遊型）が内包されていると考え、これらの異なるサブタイプをあらかじめ分離（選別）して適材適所の放流に用いる方法の開発を目差している。このような目的で分離された種苗は、好適種苗、あるいはサロゲート（surrogate：代理人の意）と呼ばれる[6)]。

サロゲートの分離には現在、発眼卵の直径や重さ（湿重量）、稚魚の水槽内での遊泳層によって種苗を複数のグループに分割（選別）する方法を検討している。現時点ではこのようにして選別すると、その後の各群の成長プロファイルやパーマークなどの外部形態に一定の差が現われることが明らかになっている[7)]。将来的には、この手法を応用して降河回遊型や河川残留型をあらかじめ分離して飼育しておき、適切な場所やタイミングで放流を行なうことで最少の放流尾数によるローインパクトの資源添加を行なうことができると考えている。

一方、コストの問題とも関係するが、サクラマスの放流を今後誰が担うのかという課題についても考え始めなければならない。近年、我が国ではサクラマスの放流が顕著な成功を収めなかったことを背景に、多くの組織・研究機関がサクラマスの放流事業から撤退しているのが現状である。将来的には、地域のＮＰＯや有志の会などの新規のグループが種苗生産・放流に取り組むことも望まれる。おそらくそれらは規模的には小さいものになるが、それぞれが各河川に応じたオーダーメードの種苗生産を行なう、マイクロブルワリーのような存在になればどうだろうか。

以上のように、サクラマスを保全するためには資源減少をもたらす要因の除去や人による手入れを行ない、資源量が安定するまでの間という期間設定で、環境にかける負荷が少ない方式で放流による資源添加を行なうことが現実的と考えられる。しかし、多くの組織、機関がサクラマスの放流事業から撤退し、河川環境の保全の取り組みも一部を除いて停滞しているのが現状である。この流れを打破するためには、従来のレクリエーションフィッシングや漁業だけではなく、ガイドツアーや観光、地産地消の食産業、教育といったさまざまな分野との連携を通じてサクラマス利用のアウトリーチを広げ、一連の保全事業をボトムアップ、あるいは牽引する術を模索することが極めて重要と思われる。

本稿の内容の一部は、宮城県水産技術総合センター、植松康成氏の研究成果を用いて執筆された。また植松氏には気仙川調査等の助言・サポートを頂いた。ここにお礼申し上げる。

引用文献

1 棟方有宗：サクラマスその生涯と生活史戦略（9）．海洋と生物，239: 574-577, 2018.
2 Allan J. D.: Stream ecology structure and function of running waters. Springer Netherlands. 1-388, 1995.
3 叶木彦治：瀬付漁法によるウグイの漁獲と漁獲率の推定．栃木県水産試験場研究報告 (8): 29-45, 1983.
4 棟方有宗：サクラマスの降河回遊行動の生理的調節機構．海洋と生物，221: 558-562, 2015.
5 棟方有宗：サクラマスその生涯と生活史戦略（10）．海洋と生物，240: 72-75, 2018.
6 棟方有宗：サクラマスの回遊多型と種苗生産．アグリバイオ，北隆館，62-63, 2018.
7 植松康成，棟方有宗：サクラマスにおける好適種苗の選別方法開発の試み．平成31年度日本水産学会春季大会講演要旨集，128, 2019.

Chapter 12

サクラマスと生態系の関係

Relation Between Masu Salmon and Surrounding Ecosystem

本チャプターではサクラマスを取り巻く生物、あるいは生態系との関係について論じる。たとえば川では本種とイワナ属のイワナ（*Salverinus leucomaenis*）との間に相互関係が生じ、同一河川内で分布域が分かれているところが多い。サクラマスはさまざまなファクターとの関係の中でそれぞれの川に固有のライフサイクルを形成している。

1　イワナとの相互関係

サクラマスが川で大きな影響を受ける魚類の1つに、イワナがいる。一般に、多くの川では河川残留型のサクラマス（ヤマメ）とイワナは同所的に生息しておらず、基本的にはイワナが上流側、サクラマスが下流側と、流域を分けて分布する傾向がある。そのため、一見すると両種の間に明確な種間関係はなく、河川環境に合わせて両者が棲み分けているようにも見える。ただ一方で、イワナがいない川では最上流部までヤマメが分布することがあり、鬼怒川などの大河川では本流域にもイワナが生息することなどから、これは必ずしも正確とはいえない。

これまで、両種の分布域が分かれる要因についてはいくつかの仮説が提唱されてきた。たとえば川ではサケ科魚類の餌生物の一種であるカゲロウ類の生息流域が種によって異なっており、異なる種を選好するサクラマスとイワナもこれに合わせて分布するという〃食いわけ説〃が知られている[1)]。また、イワナとヤマメでは選好する水温のレンジが異なるために生息域が分かれるといった推察（棲み分け説）も提唱されてきた。しかし、たとえばエサに関していうと、両魚種が摂食可能なメニューは多岐にわたっており、カゲロウ類のみが両種の分布域を裏打ちするとの考え方は、現在は主流ではない。水温に関しても、直接的な棲み分けの要因とはいい切れないケースが多く見られる。

一方、近年では両種間の相互関係（個体間作用）が彼らの分布に強い影響を及ぼしているとの説があり、著者も同じ考えである。たとえば宮城県広瀬川水系のある川ではそれまで主にイワナが生息していた流域にヤマメが放流され、個体数が増えた結果、5年ほどでイワナがほとんど見られなくなった（棟方－未発表）。つまり、同所的に両種が存在するようになったこの区間では、ヤマメが種間関係において優位となり、イワナが駆逐されたと考えられる。

では、ヤマメとイワナの間にはどのような種間関係が起こるのか。一般的には、川でサケ科魚類の種間（あるいは種内）関係が生じた場合、より大型の個体が優位（dominant）となり、小型の劣位個体（subordinate）を一定範囲のなわばり内から追い払うことが知られている[2)]。以前、著者もヤマメの1歳魚を用いて水槽内で1対1の種内関係を観察し

混成域のヤマメの成魚

混成域のイワナの成魚

たことがあるが、その際には2尾の実験魚の体長がほぼ同じであっても、体重が1g（体重の数パーセント）でも重い個体が優位となる傾向が見られた（棟方-未発表）。

ところが、ヤマメとイワナの関係性においては、両者の体重差が約20％以内であれば、小型のヤマメのほうが優位に立つことが多いといわれる[2)]。そのため、イワナよりも産卵期が早く、産卵床からもより早く浮上するヤマメが稚魚の段階からより優位に立つと推察される。

仮にヤマメが種間関係において優位となりやすいのであれば、両種の分布域が滝などで分断されていない川では、長期的にはヤマメがイワナをより広い範囲で駆逐するはずである。では、そうならないのはなぜだろうか。それには、サケ科魚類では流速や水温の選好性が種によって異なり、これらのファクターに連動して種間の優劣関係が変化、ときには逆転することもあることが関係していると思われる[2)]。ヤマメとイワナの関係に、これらの図式をあてはめたのが図1である。

たとえば、一般にヤマメはイワナに比べると流れのある表層付近に定位し、ここに流れてくる流下昆虫を捕食する性質が強いことが知られている。そのため、中~下流域のヤマメはこの流域の直線的な瀬の表層に定位してエサを採ることができ、その点においてヤマメはイワナに対して優位に立てる。ところが、上流になるにつれて河川形態は淵と淵が連続する落差のある渓流域へと徐々に変化する。そうなると今度は、流速が遅い淵の底層や巻き返しでの摂餌を得意とするイワナがより効率的に捕食活動を行なうことできるようになる[2)]。そのため、たとえばヤマメが中流域から上流域へ向かってイワナを駆逐していったとしても、ある流域より上流側ではイワナのほうが種間関係に勝り、ヤマメの侵入を阻むのではないだろうか。同様に、イワナの一部が上流から下流に降っていこうとした場合、

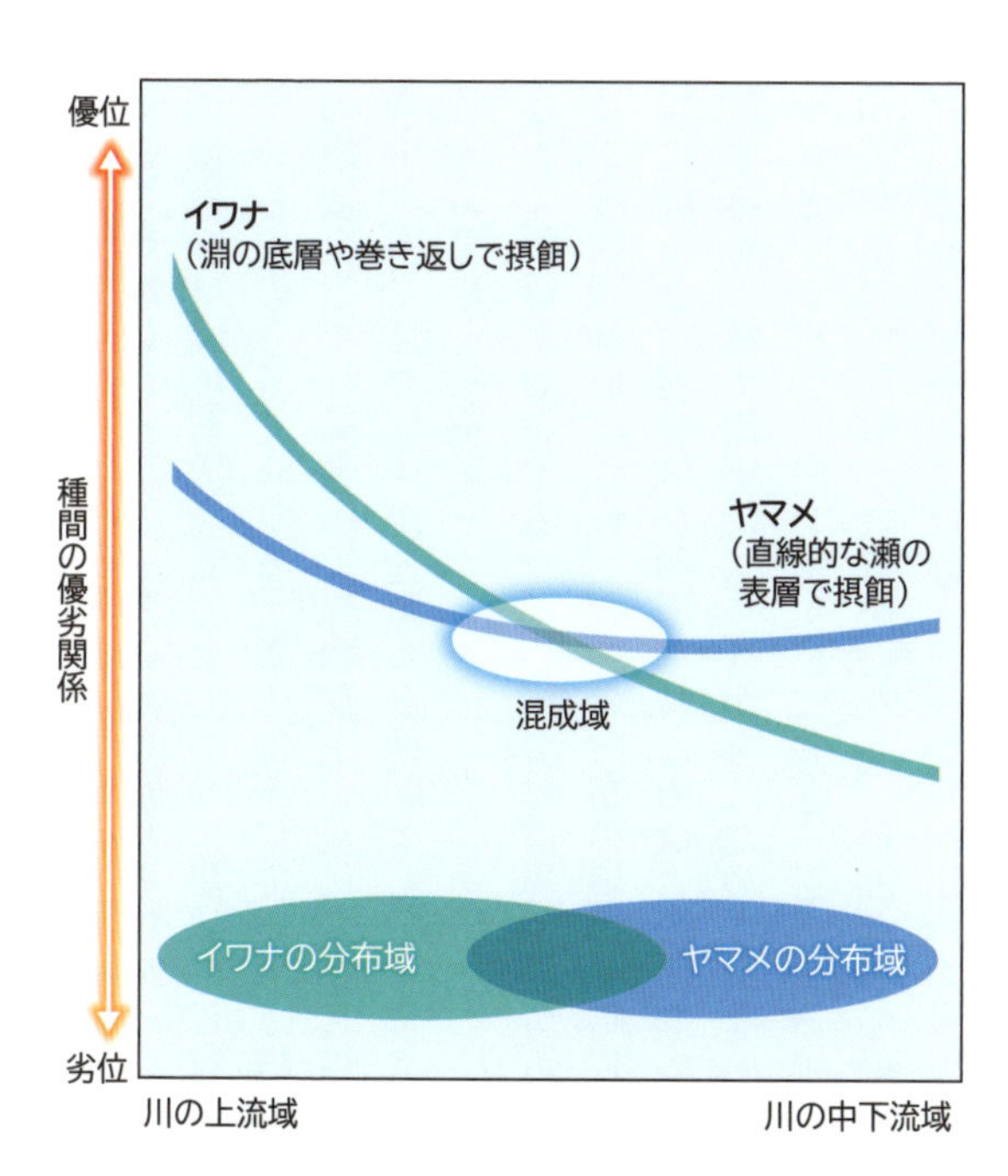

図1　ヤマメとイワナの河川内における種間関係の概念図
中流域では直線的な瀬の表層での摂餌を得意とするヤマメがイワナよりも優勢となる。一方、上流域では淵の底層や巻き返しでの摂餌を得意とするイワナが優位となり、両種の分布域は混生域を挟んで拮抗する

ある流域より下流に行くとヤマメに侵入を阻まれるのかもしれない。つまり、ヤマメとイワナの分布域は一見するとその川の環境要因のみに裏打ちされているようにみえるが、実際の境界線は環境要因を背景としつつ、最終的には両種の種間関係によって動的に決定されているものと考えられる。この仮説に従えば、環境要因の変動（揺らぎ）や両種の個体群の構造次第では両者の境界線が上下流に変動し得ることも考えられる。実際、上記した広瀬川水系ではヤマメが進出した区間でも、年によっては複数のイワナが確認されることがある（棟方－未発表）。

なお、両種が分布する一部の川では境界領域付近に時には数百メートルから数キロ以上に及ぶ混成域が形成され、両種の分布の境が明瞭にならないことも多い。これも、上記の仮説に従うと、混成域が形成されるのはこの区間の環境が上流域から下流域へと緩やかに移行するか、常に環境に揺らぎがあるためではないかと考えられる。つまり、混成域とはヤマメとイワナが安定して生息（共存）している場所、というよりはむしろ両陣営の境界線が入り乱れて陣取り合戦を行なう、種間関係の最前線とみることもできよう。

このように、ヤマメは浮上直後から河川内の多くの生物と関係性を持ち、その中で生存のスキルを高めていくものと推察される。

2　海の栄養分とサクラマスの関係

シロサケ（*O. keta*）やカラフトマス（*O. gorbuscha*）などが海から遡上する北米や北

宮城県広瀬川の流れ

上流域。主にイワナが生息する

中流域。ここから下流は主にヤマメの生息域が広がる

中～下流域
勾配が緩やかになり川幅が増した流れは穏やかな印象。森と都市をつなぐエリア

下流域
広瀬川の下流域。河川残留型のヤマメやイワナはいないが、河川内回遊型が越冬するエリアと考えられる

海道の川では、産卵後の親魚の死体を介して海の栄養分が川や、そこに生息する生物に供給されることが知られている[3)]。たとえばサケ類魚類が多く遡上する川では遡上が少ない川に比べて水生昆虫や河畔林内の植物、さらには林内に生息する陸生動物の栄養レベル（$\delta^{15}N$）が高いことが知られている。これは、海で栄養分を蓄えたシロサケやカラフトマスが産卵後に死亡した亡きがらから栄養分が直接、間接的に水生昆虫類や植物、陸上のクマやフクロウなどに移行（供給）されたことを意味している。

一方、太平洋サケ属の分布域としては南方にあたる宮城県広瀬川では、海から遡上する太平洋サケのほとんどがシロサケである（注：宮城県ではそのほかにサクラマス、若干のアメマス、またかつてはカラフトマスが遡上したとされる。また最近、沿岸部では遊漁船等によってマスノスケが採捕されており、日本海と同様[4)]、これらの太平洋サケが来遊していることがうかがえる）。そこで、シロサケが比較的多く遡上する広瀬川の中〜下流域においてて河川内回遊型のサクラマスを採捕し、落差25ｍの鳳鳴四十八滝[5)]よりも上流（シロサケが遡上しないエリア）の河川残留型のヤマメの栄養レベルと比べたところ、やはり下流域の個体のほうが高く（棟方－メモ）、サクラマスが水生昆虫などの餌生物を介してシロサケ由来の海の栄養分を摂取していることが示された。つまり、海に降りない河川内回遊型のサクラマスであっても、間接的にシロサケがもたらす海からの栄養を取り込んでいることが示される。

近年、広瀬川では海から遡上するシロサケの大半が河口から十数キロメートル以内の中

シロサケの死骸。これらは無用の産物ではなく、ここから栄養物質が藻類や水生昆虫などを通してさまざまな水生生物に循環する。もちろん、サクラマスも恩恵を受ける生物であり、さらにはサクラマスの河川内回遊がこうした栄養分を川の上流にリフトアップしているのだとしたら、大変興味深い

〜下流域で産卵して生涯を終えることがわかっている（なお、2024年現在、広瀬川ではシロサケはほとんど遡上しなくなっている）。その一方、広瀬川の河川内回遊型のサクラマスはシロサケよりも上流の本流域や支流域で孵化し、秋から冬にかけて下流域に降河して越冬したのち、ふたたび産卵期に向けて上流の産卵場へと遡上する。そして産卵を終えた親魚の多くはほかのサケ科魚類と同様、死体となって栄養分が他の生物へと物質循環する。つまり、サクラマスはシロサケが海から川に持ち運んだ栄養分を、自らの体を媒体としてさらに上流の本流域や支流域へと受け渡す（リフトアップする）、二次的な物質運搬者の役割を担っていることがわかってきている（次頁図2）。

3　その他の生態系との関係

以上のように、川で暮らすサクラマスの稚魚や成魚はイワナなどの他魚種との種間関係や、シロサケによってもたらされる海からの栄養分、さらには川の構造（流速や水温）と

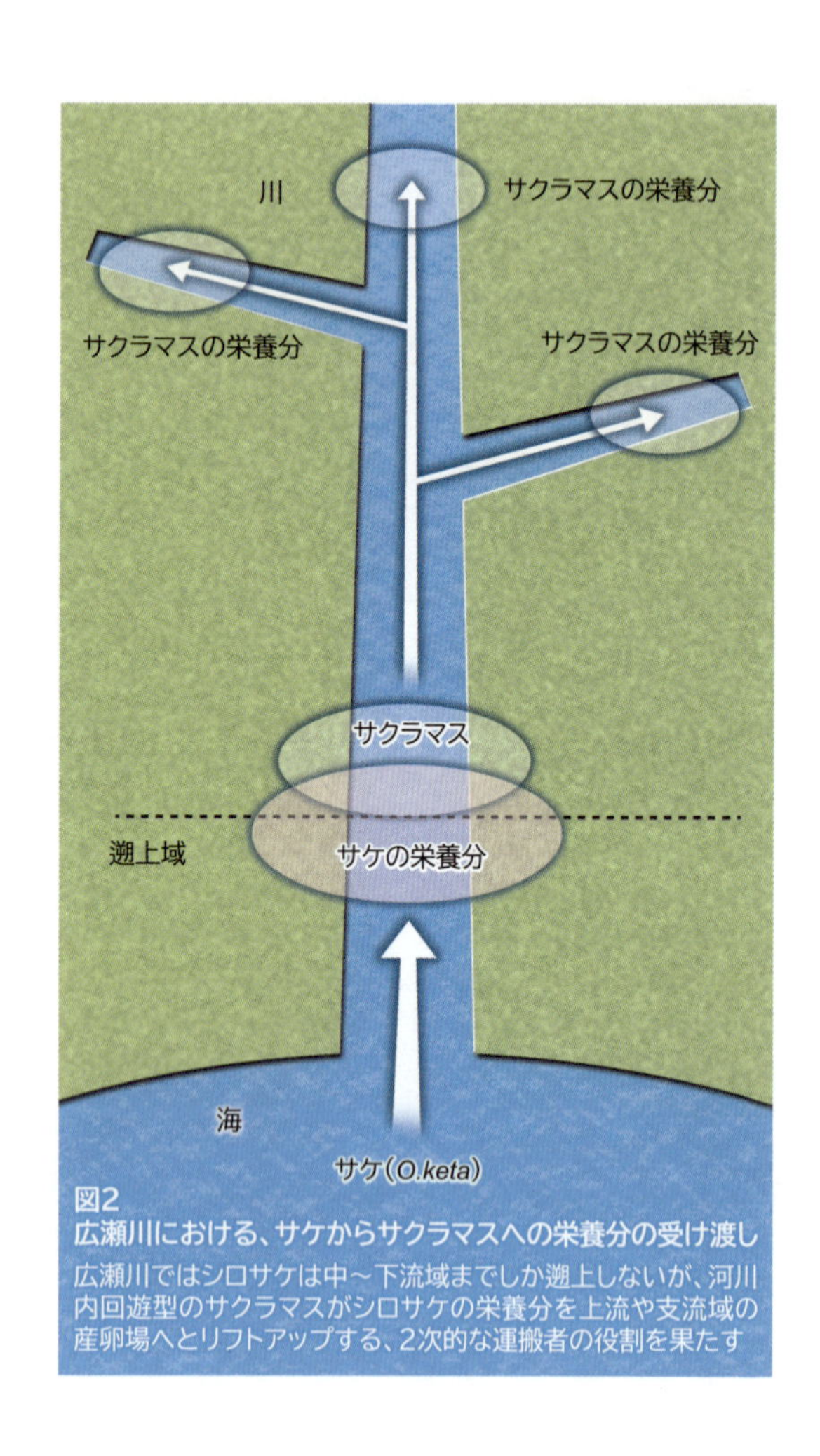

図2
広瀬川における、サケからサクラマスへの栄養分の受け渡し
広瀬川ではシロサケは中～下流域までしか遡上しないが、河川内回遊型のサクラマスがシロサケの栄養分を上流や支流域の産卵場へとリフトアップする、2次的な運搬者の役割を果たす

いった環境要因の複合的な影響を受けるなかでそれぞれの川に適応し、固有の生活史を進化させてきたと思われる。隣接する2本の川や同一水系の支流間では、しばしばサクラマスの外見や生活史が異なることが知られているが、おそらくはそのことにもこうした微細なファクターの複合的な影響が反映されているものと思われる。換言すれば、こうした多様、かつ複雑な生態系との関わりを考慮せずに作出されるのが、いわゆる人工種苗の特性といえる。そのため、逆説的には野生魚と人工種苗の性質を比べることで、野生魚の生存にとって重要となる環境要因を割り出し、より野生魚に近い性質を持つ人工種苗を育成することも理論上は可能と思われる。このような視点に立ち、最後に、摂餌や遊泳、外敵の経験についても、若干補足する。

・摂餌経験

サクラマスの稚魚が川で成長するうえで重要となるのが栄養分を得るための摂餌行動であるが、著者らの観察では、ホンマスの人工種苗を中禅寺湖の流入河川に放流すると、放流から1週間程度は同じ川に生息する野生の稚魚よりも胃内容重量が少なくなることがわかっている[6)]。このことからも、人工種苗に欠けている性質の1つが摂餌能力だと考えられる。

一方、同じ太平洋サケ属のマスノスケ（*O. tshawytscha*）の人工種苗（稚魚）に対して放流前からアミやユスリカの幼虫、ミジンコなどの天然エサを給餌するトレーニングを行なうと、放流後のエサ生物（ユスリカ、カゲロウ類）に対する捕食成功率が向上することが示されている[7]。つまり、野生魚は川で生まれた後、初期稚魚の段階から天然エサを摂餌しながら徐々に経験・学習を重ね、後天（習得）的に摂餌能力を向上させるものと考えられる。

・遊泳の経験

遊泳もサクラマスが川や海で生存していくうえで重要な能力であるが、この能力もまた経験と学習によって習得されるものと考えられる。たとえば、イワナ属の一種であるカワマス（*S. fontimalis*）の稚魚は、流速のある飼育環境で飼育訓練を重ねることで摂餌行動や成長、運動の際のスタミナ（持久力）が向上するといわれている[8]。またホンマスの人工種苗をそれまでの飼育池よりも流れが速い水槽で飼育すると、遊泳時の筋肉疲労の回復やバッファリングを促す物質として知られるヒスチジンやアンセリンといったアミノ酸の含量が増加することがわかっている[9]。

・外敵の経験

摂餌、遊泳と並んで重要となるのが外敵、とくに捕食者に対する対応といえる。捕食者にうまく対応できない個体は早晩、捕食されることによって死ぬことになるが、こうした極限の状況への対応もまた学習と経験によって向上すると思われる。たとえば、大西洋サケ属のアトランティックサーモン（*Salmo salar*）の野生稚魚を用いた観察では、種内関係において優位な稚魚は外敵からの捕食リスクに曝された際、別の劣位の稚魚が先に摂餌を行なうまでその場で待ち続けることで自身が捕食されるリスクを低減することが示されている[10)]。つまり、摂餌技術に長けたdominantの個体は、外敵に対しても首尾よくふるまうことができ、トータルの生存能力が高いものと考えられる。

引用文献

1 白石勝彦：大イワナの世界，山と溪谷社．1995, pp. 1-189.

2 谷口義則：第4集　河川性サケ科魚類における種間競争．*In*：サケマスの生態と進化（前川光司 編），文一総合出版，2004, pp. 165-192.

3 帰山雅秀：第3章 サケ類は海からの贈りもの サケ類の生活史戦略と生態系サービス．*In*：サケ学入門（阿部周一 編），北海道大学出版，2009. pp. 35-57.

4 加藤史彦，山堂仁，野田栄吉：日本海におけるマスノスケの漁獲記録，日本研究報告，33:41-54, 1982.

5 棟方有宗：サクラマス その生涯と生活史戦略（8）. 海洋と生物，238: 477－480, 2018.

6 Munakata A., Björnsson B, Th., Jönsson E., Amano M., Ikuta K., Kitamura S., Kurokawa T., Aida K.: Post-release adaptation processes of hatchery-reared honmasu salmon parr. Journal of Fish Biology, 56:163 – 172, 1999.

7 Maynard D. J., McDowell G.C., Tezak E.P., Flagg T. A.: Effect of diet supplemented with live food on the foraging behavior of cultured fall chinook salmon. The progressive fish-culturist, 58:187 –191, 1996.

8 Leon K. A.: Effect of exercise on feed consumption. growth, food conversion, and stamina of brook

trout. The progressive fish-culturist,48: 43-46, 1986.

9 Munakata A., Amano M., Ikuta K., Kitamura S., Ogata Y.H., Aida K.: Changes in histidine and anserine levels in hatchery-reared honmasu salmon parr after release in a river. Journal of the World Aquaculture Society, 31: 274 – 278, 2000.

10 Cotceitas V. and Godin J.J.: Foraging under the risk of predation in juvenile Atlantic salmon (Salmo salar L.): effects of social status and hunger. Behavioral Ecology and Sociobiology, 29: 255 – 261, 1991.

第3章
回遊行動の進化

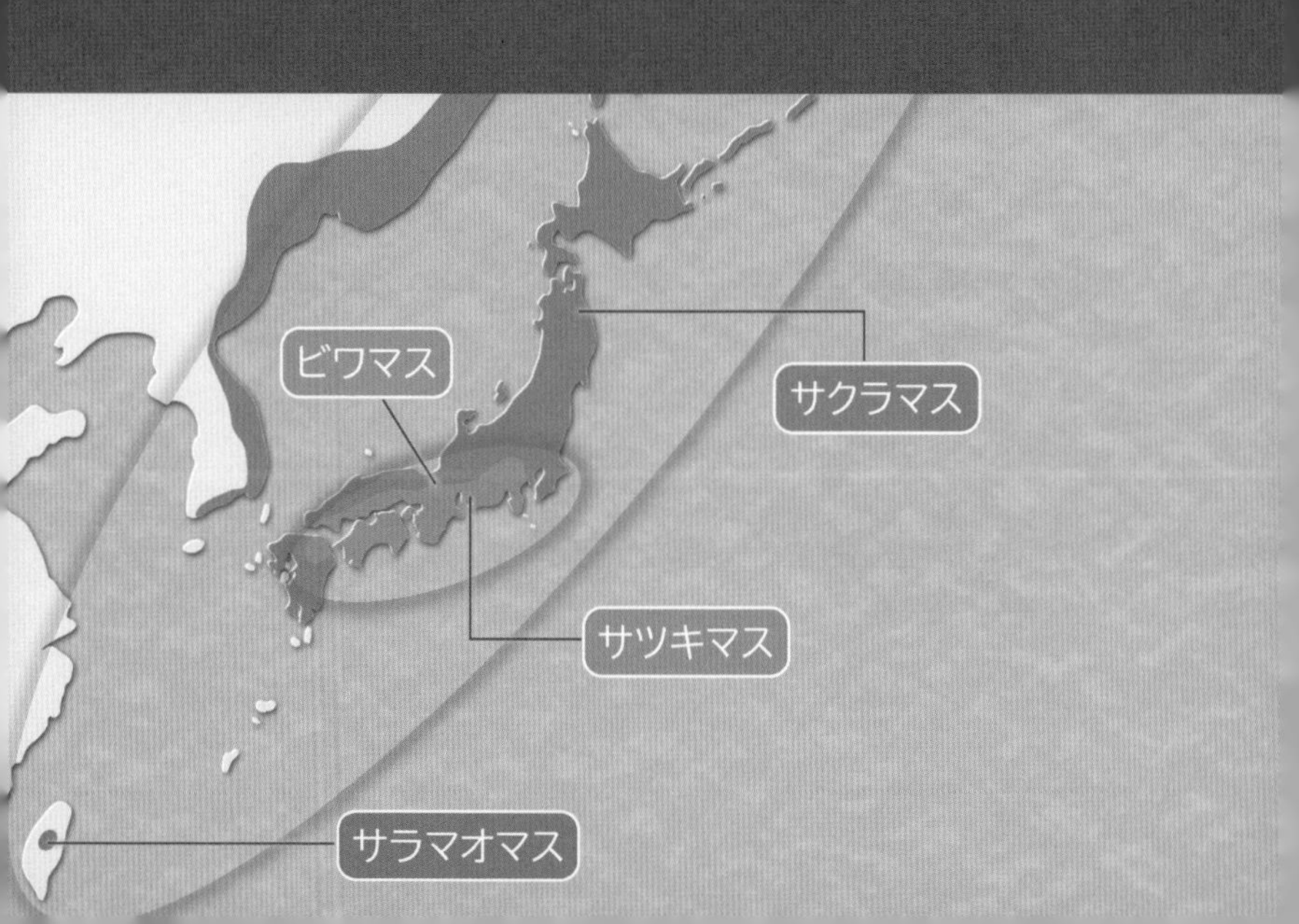

Chapter 13

サクラマスの秋スモルト

Fall Masu Salmon Smolt

サクラマス群内のサクラマス（*Oncorhynchus masou masou*）、サツキマス（*O. masou ishikawae*）、ビワマス（*O. masou* subsp.）、サラマオマス（*O. masou fomosanus*）では降海（湖）回遊の発現時期や期間が異なるが、近年、サクラマスの中にも回遊の形質が異なる地域個体群（秋スモルト）がいることが示されている。

1　サクラマスの秋スモルト

一般に、サツキマスの降海回遊型は孵化から約1年後（1歳）の秋〜冬に川から海に降り、翌春までの約半年間、索餌回遊を行なう。一方、サクラマスの降海回遊型は孵化から約1年半後（1歳半）の春に海に降り、約1年間の索餌回遊を行なうことが、サツキマスとの違いの1つと考えられてきた[1)]。しかし近年、サクラマスでは一部の個体群がサツキマスのように1歳の秋〜冬に海に下り、約半年間の回遊を行なうことが示されている[2)]。これらは他の多くの個体群（春スモルト）とは異なり、秋に銀化変態を行なうことから以後、これらをサクラマスの秋スモルトと呼ぶことにする。

広瀬川の秋スモルト。外見的には岩手県気仙川などの通常の春スモルトとの大きな違いは見られない（下はスモルト後）

秋スモルトが出現する川は、北は宮城県[2]から南は宮崎県[3]までの太平洋側で散見されており、現時点では日本海側や、岩手県以北の太平洋側では報告がない。また次述するように、秋スモルトが出現する川では基本的にはすべての降海回遊型が秋のみに降海すると考えられる。

JR 仙台駅から直線距離で約 2 km の位置にある広瀬川大橋から下流側を望む

広瀬川中流域の流れ

2　広瀬川の秋スモルトの事例

次に、著者らが研究している宮城県広瀬川の秋スモルトの事例を紹介する。さらなる検証が必要であるが、漁協関係者などへの聞き取りではかつて、宮城県の広瀬川ではほとんどの降海回遊型が春に銀化変態と降海回遊を行なっていたとされる。このことから、この十数年間の間に秋スモルトに変異した可能性が高いと考えられる（棟方-未発表）。

通常、一般的な春スモルト（約1年間）は秋スモルト（約半年間）よりも海での回遊期間が半年ほど長いため、川に遡上する親魚の全長も春スモルト（50〜60㎝）のほうが秋スモルト（40〜50㎝）よりも大きい[1)]。著者が広瀬川で調査を始めた２００６年頃、秋に産卵水域で見られる親魚では全長50㎝を超える大型の個体が見られた。時には数十メートル以上離れたところからでも赤い婚姻色を身にまとった大型の雄を見つけることができた。しかし、現在ではほとんどの親魚が全長50㎝未満でやや小ぶりとなっている。

ではなぜ、広瀬川では春スモルトから秋スモルトへの変化（シフト）が起こったのだろうか。実は近年、広瀬川では河口から十数キロメートルの中〜下流域の夏の最高水温が25℃以上に達することも多く、サクラマスの大半が以前よりも上流域で越夏するようになっていると考えられる。また、中流域では10月中旬以降になると体色が銀白色で体高が低い、銀化魚様の個体群が現われるようになる[2)]。そこで、これらの銀化魚様の稚魚が降海途中の秋スモルトである可能性を調べるため、川から一部の個体を採捕して、Sea water challenge試験（海水の中で何時間生存できるかを確認する水槽実験）を行なったところ、ほとんどの魚が１００％海水に48時間以上入れても死なないことが判明した[2)]。またこの付近でルアーで採捕した数十尾の稚魚の腹腔内に小型の音波発信機（Vemco V5、V6）を装着して移動の様子を調べたところ、ほとんどの実験魚が川を下り、さらに全体の約1割の個体が11月から12月の間に海に降りたことが確認された[4)]。つまり、これらの結果から、広瀬川では主に夏期の水温の上昇によって、秋以降に海水適応能を持つ銀化魚様の降河回遊個体が出現し、その一部が11～12月に海に入るようになったと考えられる。そこで著者らは、これらの個体群を〝秋スモルト〟ととらえることにした。

その後のいくつかの実験により、海に降りた秋スモルトは仙台湾、またはその付近の海域で越冬し、約半年後の5～7月になるとふたたび広瀬川に遡上することが示されている（棟方－未発表）。また秋スモルトではこの間に甲状腺ホルモンの血中量や、鰓で発現するナトリウム-カリウム-ATPase（NKA）と呼ばれる海水生活のための酵素の活性が上昇しており[2)]、春スモルトとほぼ同様のメカニズムによって銀化変態を行なうことも示された。

3 秋スモルトの出現機構

ではなぜ、サクラマスの一部の個体群において、こうした秋スモルトがまとまった現象として起こるのだろうか。そのことを考察するため、まずはサツキマスとサクラマス秋スモルトの分布域から見てみたい（図1）。一般に、すべての個体群が秋スモルトとなるサ

図1
サツキマスとサクラマス秋スモルトの出現域(概略図)
サクラマス秋スモルトの出現河川は、サツキマスの分布域を挟むように広がっている。現在まで、宮城県大原川、広瀬川、栃木県那珂川、東京都多摩川、宮崎県五ヶ瀬川などで秋スモルトが出現していると考えられる

ツキマスは神奈川県以西の本州と四国・九州北東部までの太平洋側に分布している。そこでこの地図に現時点で分かっているサクラマスの秋スモルトの出現域を書き足すと、サツキマスの分布域を挟み込むように、東西両翼に分布域が広がっているように見える。

つまり、両者の分布域を足し合わせると、全体がひと続きの領域として見えてくる。このことから類推すると、秋スモルトはサツキマスの分布域に比較的近い地域の個体群から現われているようにも見える。なお、上述した広瀬川の個体群のように、秋スモルト個体群のいくつかは近年になってそれまでは春スモルトが生息していた河川に出現するようになった可能性がある。つまり、一部の秋スモルトは、ここ数十年間程度の短い期間で春スモルトの個体群が変異（分化）したらしいことも推察される。

遺伝的交流説

これらの知見を踏まえると、仮説の1つとして、サクラマスの秋スモルトは、本来は春スモルト型のサクラマスがいた川にサツキマスが人為的、あるいは自然に分布域を広げたことで生じた可能性が考えられる。実際、秋スモルトが生息する川はサクラマスの分布エリア内の複数の県に断続的にみられるが、これらの川では過去にサツキマスが放流されたか、あるいは天然のサツキマスの遡上（迷入）に伴う遺伝的交流があったのかもしれない。最近ではサクラマスの生息域と考えられていた筑後川水系にサツキマス（アマゴ）のような朱点を持つ個体群が自然分布している可能性も指摘されており[5)]、これまで知られていた分布域の境界をまたいで両者の遺伝的交流が起こっていた可能性は、充分に考えられる。そのため、著者らは現在、こうした人為、あるいは自然交雑による秋スモルト出現の可能性についても遺伝学の手法で検討しているところである。

環境変異説

一方、2つめの仮説としては、春スモルトが生息していた川の生息環境が、ここ数十年間でサツキマスの生息環境に変化した（近づいた）ことで秋スモルトが出現した可能性が考えられる。サクラマスとサツキマスは本来、遺伝的にもさほど大きくは離れておらず、共通する遺伝的バックグラウンドも多いと考えられている。このことから、サツキマスの分布域に隣接して暮らすサクラマスの一部が何らかの環境の変化に応じて秋スモルトを起こすように数世代で変異した可能性も充分に考えられる。

たとえば、これに関する間接的な証拠として、太平洋側と同じくサツキマスが放流された可能性がある日本海側のサクラマス河川では現在まで、秋スモルトが出現していないことがあげられる。もしも前述のように放流や迷入によって秋スモルトが出現するのであれば、日本海側でも秋スモルトが見られてもよいと考えられる。つまりこれは、日本海側の川の環境が、そもそも秋スモルトの出現や定着にとって不向きである可能性を示唆する。また、仮に環境ではなくサツキマスが人為、あるいは自然に侵入したことで秋スモルト化が起こるのであれば、その逆の現象、すなわちサツキマスの分布域へのサクラマスの侵入も起こった可能性が考えられるが、サツキマスの分布域でサツキマスの春スモルトが出現したといった報告も見られない。これらを踏まえると、サクラマスの秋スモルトはサツキマスとの交雑の可能性もあるものの、基本的には河川環境の変動の影響を受けている可能性が高いものと考えられる。

4 秋スモルトを出現させる環境要因

このような仮説のもと、ここで再度、サツキマスとサクラマス秋スモルトの出現域を俯瞰してみたい（209頁図1）。すると、両者を足し合わせた領域では、沿岸付近に黒潮が流れ、その影響を比較的強く受ける地域と重なっていることがわかる。このことから、たとえばサツキマスの分布域の東側に連なる関東から宮城県にかけてのサクラマスの分布域ではかつて、海に降りたサツキマスの一部が黒潮にのって（流されて）来遊し、いくつかの河川に繰り返し迷入した可能性も考えられる。

一方、宮崎県五ヶ瀬川水系のサクラマスも秋スモルト化する傾向があると考えられるが[3)]、こちら側は、黒潮の流れという点ではサツキマスの生息域よりも上流側に位置することから、サツキマスの沿岸を通じての自然な侵入は、東日本側よりは起こりにくいものと考えられる。このことからも、やはり秋スモルトの出現には川の環境の変化も少なからず影響しているものと考えられる。

さらなる検討が必要であるが、サツキマスとサクラマス秋スモルトの出現領域を足し合わせたエリアは、日本国内の気候区分のうちの太平洋型気候区と瀬戸内型気候区を足し合わせた領域（あるいは暖温帯林の領域）と重なる[6)]。これらのうち、とくに太平洋型気候区は夏の平均気温が高く、秋には台風の影響を受けやすいことで知られている。つまり、この気候区内の川では夏の水温が高く、秋に増水が起こることが多いと思われる。関東北部から東北南部にかけての太平洋型気候区では、これまでは以西の太平洋型気候区に比べると夏の最高気温は低めであったが、ここ数十年間で上昇する傾向にあった[7)]。またこの気候区内にあるいくつかの川では、近代以降の水源林の伐採やダムによる取水で流量が減少し、夏期の最高水温が以前に増して上昇する傾向にあったと考えられる。さらに、私見であるが、宮城県などではここ十数年間、冬に入っても山間部では降水が積雪とならず、晩秋から冬にかけても降雨で川が増水するケースも見られた。つまり、現時点で秋スモルトが出現する東側の川のうちのいくつかでは、ここ数十年の間に環境要因の一部がサツキマスの生息河川のそれに近づいた可能性が考えられる。こうした変化の結果、一部の川のサクラマスがサツキマスのような秋スモルトに変異したとしても、さほど不思議ではないように思える。

なお、現在のサクラマス秋スモルトの北限と考えられる宮城県では、秋スモルトが生息する大原川と、そのやや北側を流れる、春スモルトが生息する伊里前川の河口域が、直線距離で約20㎞の至近距離に位置する。この様子を地図上で眺めてみるとよくわかるが、両河川のうち、北側を流れる伊里前川（従来の春スモルトの川）は、同じ太平洋型気候区でありながら親潮の影響を強く受けていると考えられる。一方、大原川(秋スモルトの川)は、北上する黒潮の影響を比較的強く受けていると考えられる。こうした現象からも、秋スモルトは同じ太平洋型気候区内でも、より黒潮の影響を受ける地域において、頻繁に出現する傾向があると考えられる。

5 秋スモルトが進化したもう1つの背景

もしも上記の仮説のとおり、秋スモルトの一部が過去十数年の間に従来の春スモルトから変異したのだとすると、サクラマス群の進化の過程を探るうえでも大変興味深い現象だと思われる。なぜなら、このようなごく短期間でサクラマスの一部が秋スモルトに変異したということは、これらの個体群は元々、春と秋の2回に銀化変態を行なう能力を有していた可能性があるからである。そのような性質を有する一部の個体群が、その時の河川環境に応じて春スモルトか、あるいは秋スモルトとなるかを個体群レベルで選択しているようにも見える。このように、同種でありながら異なる季節に銀化変態を行なう種としては、ほかにもマスノスケ（*O. tshawytscha*）が知られている[8]。

一方で、同じサクラマス群であるサツキマスではこれまで、サクラマスのような春スモルトの個体群が出現したという報告は見られない。仮に、生物において、単純な祖先型から、より複雑（高度）な子孫が分化（進化）するとの傾向を踏まえると、サクラマスとサツキマスのうち、より祖先型に近いのは秋スモルトのみを発現するサツキマスのほうであり、そこから分化したサクラマスがそれまでの秋スモルトに加えて春スモルトの形質も備えるようになったとは考えられないだろうか（図２）。

そして、サクラマスの一部の個体群はサツキマスから分化した後もそのまま秋スモルトの形質を保持し続け、その後も環境要因の変動に合わせて春・秋スモルトの形質を可逆的

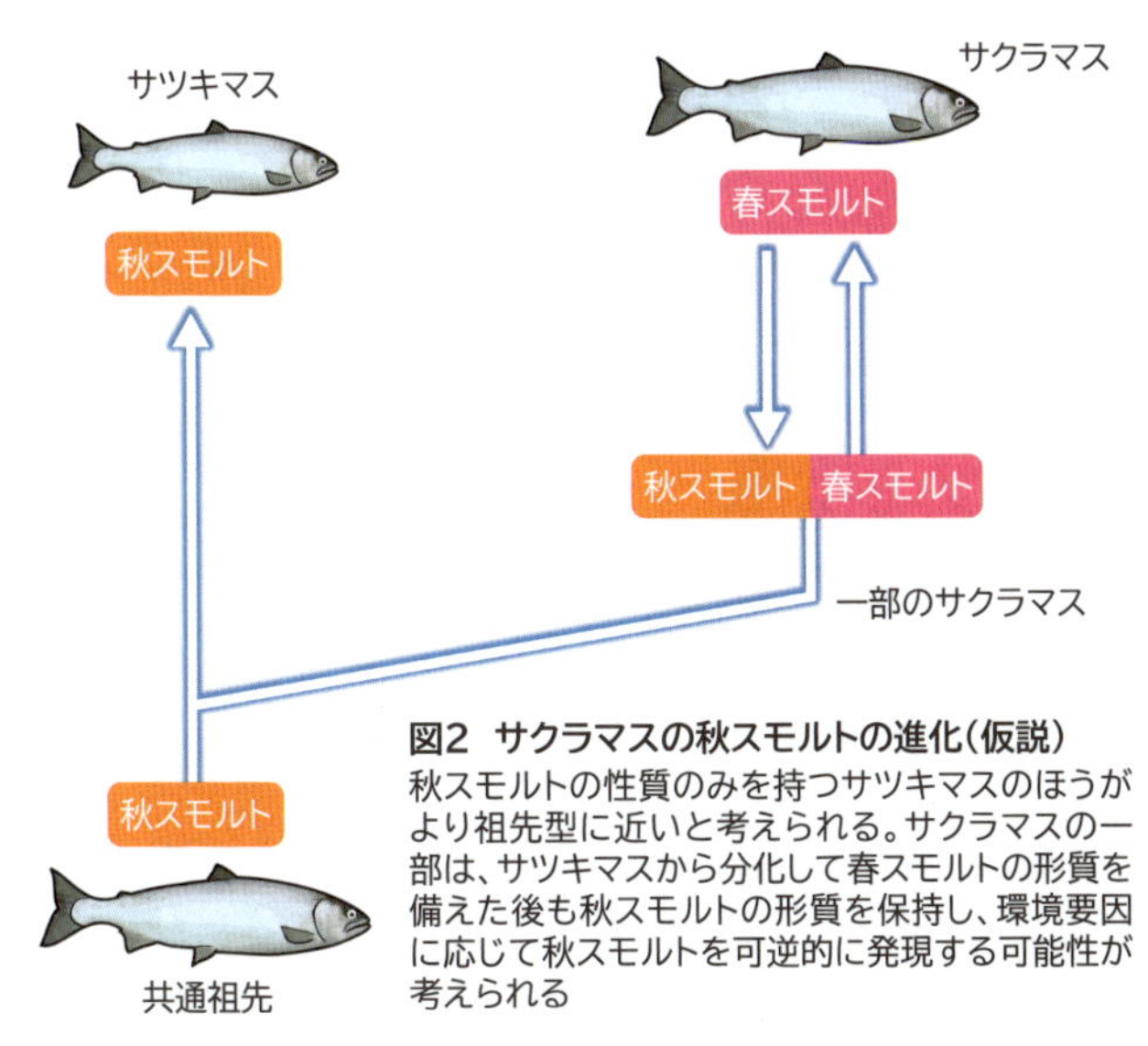

図2　サクラマスの秋スモルトの進化（仮説）
秋スモルトの性質のみを持つサツキマスのほうがより祖先型に近いと考えられる。サクラマスの一部は、サツキマスから分化して春スモルトの形質を備えた後も秋スモルトの形質を保持し、環境要因に応じて秋スモルトを可逆的に発現する可能性が考えられる

に使い分けてきたと考えることもできる。そのようにとらえると、現在みられる秋スモルトも、将来的にはふたたび春スモルトに変異する（戻る）可能性も考えられる。

6　秋スモルトの有用性

さて、これらの推論がある程度妥当であれば、サクラマスの秋スモルトの形質は、環境要因によっていくつかの系群から可逆的に出現する可能性が示唆される。この性質を人為的にコントロールすることができれば、養殖技術的にはサクラマスの秋スモルト種苗を選択的に生産できるようになると考えられる。そうすることで、たとえばサクラマスの淡水飼育期間を半年間短縮し、これまでよりも早く種苗を海面生け簀に入れることもでき、従来よりも短期間で成魚サイズまでの海面養殖が可能になることも考えられる。

このような技術開発に関しては、ノルウェーなどのサクラマス以外のサケ養殖現場からも期待が寄せられている。だが、現段階ではどのサケ科魚類が潜在的に秋スモルトの形質を保有するかや、秋スモルトの出現に関わる分子生物学的基盤や生理的機構がどのようなものかは不明瞭であり、さらなる検討が必要である。たとえばサクラマスではこれまで、春の日長の長日化によって銀化変態（春スモルト）が促進されると考えられてきたが、今回とりあげた秋スモルトでは、それとは逆に秋の日長の短日化に応じて銀化変態が促進されていることになる。その一方で、秋スモルトの魚が銀化変態の際に発現する生理的・形態学的変化は春スモルトとほぼ同様であり、一連の変態が基本的には春スモルトと同じく甲状腺ホルモン（サイロキシン）やインスリン様成長因子（IGF-I）、コルチゾルなどによって促進されるものと考えられる[2)]。つまり、春スモルトと秋スモルトの銀化変態の生理的機構はベースの部分は類似しており、その上位にそれぞれ別の季節に変態開始のスイッチを入れるための何らかのスイッチングの機構が内在している可能性が考えられる。

このスイッチングの機構についても、徐々に面白い結果が得られつつある。著者らは、宮城県内のもう1つの秋スモルト個体群である大原川系群と、通常の春スモルト個体群である伊里前川系群を同一環境下で飼育するという、コモンガーデン飼育実験を行なった。すると、同じ飼育条件下であってもやはり大原川系は1歳の秋に、伊里前川系は翌年の1歳半の春に銀化変態を発現する傾向が見られている。この結果から、おそらく春と秋の銀化変態は、同じ飼育条件下であってもそれぞれ春と秋の異なる時期にスイッチが入るようになっているものと考えられる。つまり、これらの個体群では同じ1つのスイッチに対して、別々の応答を起こしていることになる。

一方、上述のコモンガーデン飼育実験では、大原川系（秋スモルト）の体サイズが終始、伊里前川系（春スモルト）よりも大きかったこともわかった。つまり、大原川系の魚は、同一の飼育条件下であっても伊里前川系よりも成長率が高いといえ、より早く銀化変態の臨界体サイズに到達し得ることが示唆される。おそらくはこうしてより早く臨界体サイズに到達することが、ある種のスイッチングの機能を果たし、大原川系は秋にスモルト化を起こす可能性も考えられる[9)]。そのように考えると、サツキマスの分布域に隣接する地域のサクラマスが秋スモルトを起こすようになった背景には、川の環境変化に伴う個体群の成長率の向上も大きく関係しているのかもしれない。

引用文献

1 棟方有宗：サクラマスその生涯と生活史戦略（1）．海洋と生物，231: 376-379, 2017.
2 棟方有宗，新房由紀子，佐藤大介，清水宗敬：広瀬川のサクラマス秋スモルトの浸透圧調節能と降海性．平成29年度日本水産学会春季大会講演要旨集，13, 2017.
3 内田勝久：宮崎大学発、みやざきサクラマスの生産（九州にサケ食文化を築く）（https://www.miyazakiu.

ac.jp/nfield/components/pdf/MiyazakiSakuraMasuSalmon2.pdf).
4 棟方有宗，石川陽菜，荻原英里奈，菅原正徳：宮城県広瀬川のサクラマスは秋に降海回遊を行なう．平成27年度日本水産学会春季大会公演要旨集，29, 2015.
5 岩槻幸雄，佐藤成史，安本潤一，田中文也，魚矢隆文，山之内稔，大出水友和，棚原奎，長友由隆，松本宏人：ヤマメ域とされる南九州の河川における朱点のあるアマゴの生息．宮崎の自然と環境，5: 47-55, 2019.
6 北西滋，向井貴彦，山本俊昭，田子泰彦，尾田昌紀：サクラマス自然分布域におけるサツキマスの遺伝的攪乱．Nippon Suisan Gakkaishi, 83(3): 400-402, 2017.
NHK for school: (https://www2.nhk.or.jp/school/watch/clip/?das_id=D0005403209_00000).
7 仙台管区気象台：東北地方の気候の変化（https://www.data.jma.go.jp/sendai/knowledge/climate/region/tohoku/observation.html）
8 Sautera S.T., Crawshawb L.I., Maule A.G.: Behavioral thermoregulation by juvenile spring and fall chinook salmon, Oncorhynchus tshawytscha, during smoltification. Environmental Biology of Fishes. 61: 295–304, 2001.
9 Kuwada T., Tokuhara T., Shimizu M., Yoshizaki G.: Body size is the primary regulator affecting commencement of smolting in amago salmon Oncorhynchus masou ishikawae. Fish. Sci., 82: 59-71, 2016.

ミニコラム 2

サクラマスの秋スモルトは我々に何を伝えるのか

昔の論文や教科書では秋スモルトのことはほとんどふれられていない。サクラマスが多かった頃には全体の中に埋もれ、議論の対象とならなかったためであろう。しかし、こうして資源が減少している今、秋スモルトの存在に何らかの意味を探してみるのも、ありかもしれないと思っている。広瀬川でこの魚を秋に見つけた時、最初に脳裏をよぎったのは、外部からの移入による遺伝的攪乱の可能性だった。しかし銘川気仙川の春スモルト（ヒカリ）と比べても遜色のない魚体を見るにつれ、この魚たちには何らかの別の意味が秘められているはずだと、私は考えるようになった。その中でも最も希望が持てる仮説が、「サクラマスは脆弱に見えて、実は環境に適応する柔軟性を備えている」、というものだ。現在は、この仮説を軸に、秋スモルトの分子生物学的な研究をY博士と進めている。

いつだったか、釣友の菅原さんと与太話をしたことがあった。「今から30年もすれば、『昔は仙台にもサクラマスがいたんだよ』、と子供たちに話しているかもしれないね」というものだ。しかし今、秋スモルトの写真をあらためて眺めてみると、それはサクラマスに対してはなはだ失礼な物言いだったかもしれないと、反省しているところである。「秋スモルトは希望と可能性を教えてくれている」。これが現時点の結論である。

Chapter 14

サクラマス群の回遊行動の進化（前編）

Evolution of Masu Salmon Migration (I)

今回は、これまでの記述も振り返りつつ回遊に関わる生活史戦略とその進化について推論したい。

1　サクラマス群の回遊行動の進化

これまでの議論を総合すると、現存するサクラマス群の4タイプでは進化的にビワマス（*O. masou* sub sp.）の仲間が最も早く共通祖先から分化し、その後、そこからサツキマス（*O. masou ishikawae*）とサクラマスが分化した可能性が考えられる（図1）[1]。また、サラマオマス（*O. masou formosanus*）は、進化的にはサクラマスに近縁なグループと考えられる[2]。これとは異なる仮説も提唱されているが、本稿ではこの関係性を踏まえ、さらにサケ科魚類の4属の回遊パターンなども俯瞰することでサクラマス群がたどってきた回遊進化の道筋を浮かび上がらせてみたい。

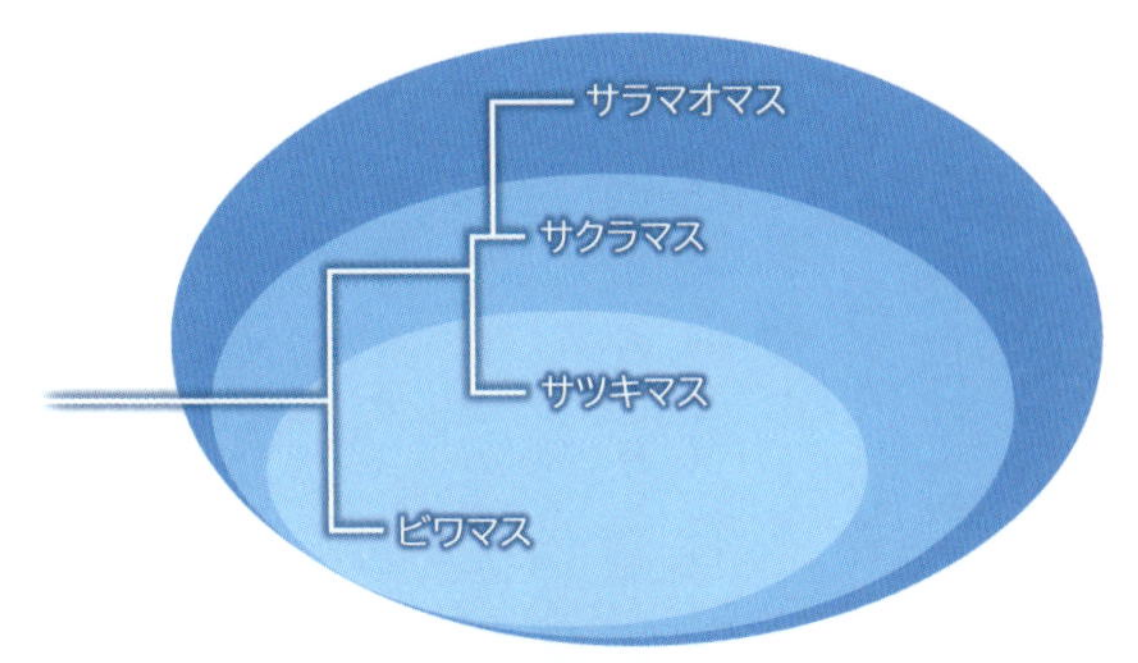

図1　サクラマス群の進化と生息域の概念図
ビワマスの仲間が50万年ほど前に共通祖先から分化し、2～5万年前にそこからサツキマス、サクラマスが分化したと考えられる。またサラマオマスは、進化的にはサクラマスに近いと考えられる。また生息域は、ビワマスが琵琶湖周辺におり、サツキマスがその周囲を、さらにサクラマスがその周囲を取り囲む。サラマオマスは台湾のみに生息する。藤岡（2009）を参考に作図[1)]

サクラマスの親魚

ビワマスの親魚（藤岡康弘撮影）

サツキマスの親魚

2　ビワマスの降河回遊期の進化

まず、ビワマス（の祖先）が今から50万年ほど前に共通祖先から分化して日本に定着したと考える[1)]。次述するように、ビワマスは現在、琵琶湖とその流入河川のみに分布しているが、大分県玖珠盆地の約40万年前の地層からは形態的にビワマスに近いとされる魚類の化石が出土する。このことから[1,2)]ビワマスは、50万年ほど前に分化した当初は琵琶湖から現在の瀬戸内海（古瀬戸内湖）にかけて連続、あるいは不連続に分布しており、その後、現在の琵琶湖付近のみに生息域が縮小した可能性が考えられる。

では、もしビワマスが他の多くの生物と同様、共通祖先から分化したあとも分化当時の形質や機構のなごりを残していたと仮定すると、どのようなことが推論できるだろうか。たとえば回遊の形質について見ると、現存するビワマスは5月頃に川から琵琶湖に降りる。このことから類推すると[1)]、サクラマス群の祖先型は端的には孵化後数ヵ月程度で降海回遊を行なっていたと推察される。その一方で、ビワマスの降湖回遊期は共通祖先から分化したのち、琵琶湖に棲み続ける間にさまざまな環境要因の影響で変動した可能性も考えられる。といったように、ビワマスだけからは正確な推論が難しい。

そこで、今度は一歩引いてサケ科魚類の代表的な4属の降海期を俯瞰してみることにする。すると、次のような事実がうかんでくる。すなわち、進化的に古いとされるイトウ属やイワナ属では一部の個体群がしばしば孵化後1年以上が経過してから降海するのに対し

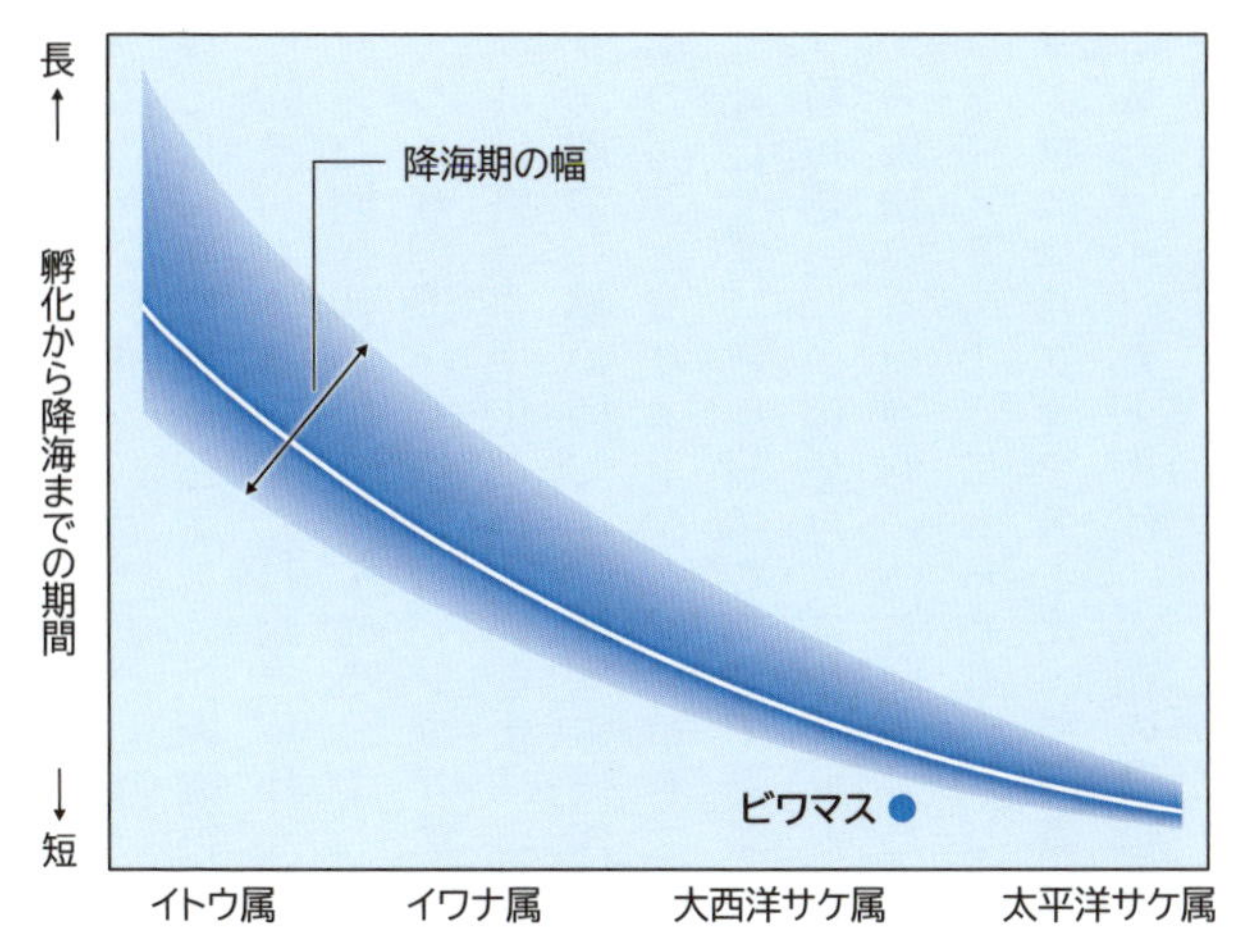

図2　サケ科魚類の降海期の進化の概念図
進化的に古いとされるイトウ属、イワナ属、太西洋サケ属では孵化後1年以上が経過してから降海するのに対し、進化的に新しいシロサケやカラフトマスなどの太平洋サケ属では孵化後数ヵ月で降海するようになっている。ビワマスは、サクラマス群の中でも降海（湖）期が早い

て、シロサケやカラフトマスなどの進化的に新しいとされる太平洋サケ属の種は、ほとんどが孵化後数ヵ月程度で降海するようになっている（図2）[3)]。

つまり、サケ科魚類全体では降海のタイミングは進化的に古い種ほど遅く、新しい種ほど早くなる傾向が見られる。翻って、サクラマス群では、のちにビワマスの仲間から分化したと考えられるサツキマス、サクラマスの降海期がそれぞれ満1歳の秋、1歳半の春となっている[3)]。これらを踏まえると、サクラマス群内では進化的に新しくなるほど降海期は遅くなったことになる。

一方、この現象には別の角度か

らの考察も成り立つ。すなわち、進化的に古いとされるイトウ属やイワナ属で降海する稚魚は、全体の一部にとどまるのに対して、進化的に新しいとされるシロサケやカラフトマスなどでは孵化から数ヵ月後にほぼすべての稚魚が海に降りる[3)]。またイトウ属やイワナ属では海から川に遡上して産卵を行なったあとも多くの親魚が生き残り、ふたたび海への回遊を行なうといった行動を何年か繰り返す。一方、シロサケやカラフトマスでは産卵を終えた回帰親魚はすべて死亡してしまう。

つまり、進化的に新しいシロサケなどでは降海回遊の形質が種内に広く浸透し、その行動は厳格に定型化されているように見える。それに対して、イトウ属やイワナ属、大西洋サケ属の一部の種では降海する個体は全体の一部分であるし、降海を発現する年齢にも数年の開き（バリエーション）がある（図2）[3)]。またこれらの属では親魚の多くが産卵後も死亡せず、数年間にわたって降海と産卵を繰り返す親魚もいる。これらの事実から、サケ科魚類の回遊現象は、進化とともに不定形から定型化へ、換言すれば、柔軟（可塑的）から厳格（不可逆的）へと向かったとみることができる。

さて、そのようにとらえると、ビワマスはさらに数十万年の時日を経てから分化したサツキマスやサクラマスと比べて回遊行動がより不定形、つまりは可塑的だったという推察も成り立つ。たとえば、現在の琵琶湖の流入河川は総じて短く、そこには湖と往来する在来種も含めると、かなりの数のビワマスの競合種が生息する。また例年、琵琶湖の流入河川では降湖期である5月頃に降雨による増水があるという[1)]。このような条件に適応しようとした結果、ビワマスの降湖期が長い年月をかけてサツキマスやサクラマスの降海期よりも早くなった可能性も充分に考えられる。

また、ビワマスの降湖期が共通祖先から分化してしばらくしてから早くなったとすると、その背景には降湖の受け皿となってきた琵琶湖の水が淡水だったことも、大きく関係しているのではないかと思っている。すでに何度か論じたように、サケ科魚類が海に降りるためには事前に銀化変態を起こし、海水適応能を獲得することが必要であり、そのためにも稚魚は銀化変態を発現するための臨界体サイズ以上に成長している必要がある。サツキマス、サクラマスのデータから類推すると、基本的にサクラマス群の銀化変態の臨界体長は9〜12㎝程度ではないかと考えられる[4)]。つまり、サクラマス群の稚魚はこの体サイズに達するまでは降りたくても生理的に海に降りることができないため、基本的には降海期を極端に早めることができないと思われる。

一方、ビワマスは降湖の際に海水適応能を一切発達させなくてもよい、琵琶湖という環境に長くいたため、体サイズが小さくても孵化後数ヵ月の段階で降湖することが可能であり、実際にそうするようになったのではないだろうか。その点において、降湖期の早期化はビワマスの基本的性質（行動の可塑的）と流入河川の環境、さらには受け皿となった琵琶湖が淡水湖であったこととの産物だったとも考えられる。このようなフレキシブルな回遊の進化がこの段階で行なわれ、のちに分化した太平洋サケ属でもさまざまな形となってこの形質が受け継がれたのだとしたら、その一端を担ったことになるビワマスは、生物学的に見ても大変興味深い存在といえる。

なお、ビワマスは降湖期を早めたほか、現在は終生にわたって海水適応能を発達させなくなっていると考えられている[1]。つまり、サケ科魚類が進化の過程で獲得した海水適応のスキルは、ビワマスの段階で一度、生活史戦略から外されたことになる。これもまた、ビワマスの回遊が柔軟かつ可塑的であった可能性を示す傍証の1つと考えられるが、この史実を別の角度から見ると、現在のビワマス、サクラマスの降湖回遊は海（海水）に降りることを前提としていない点において、サツキマス、サクラマスの降海回遊とは一線を画するものといえる。つまり、湖面の広さを考慮しなければ、ビワマスの降湖回遊は性質的にはサツキマス、サクラマスの稚魚の河川内回遊に相当する行動であり、ビワマスの稚魚はそうした移動の延長として、琵琶湖という大きな川の淵に入っている状態ともいえる。このように、降湖がシンプルに河川内回遊の亜型として行なわれているのであれば、彼らは体成長（臨界体サイズの達成）の如何によらず、いつでもこの行動を起こすことが可能であり、ビワマスが孵化後数ヵ月程度で琵琶湖に降りるようになったこととの説明もつく。なお、ビワマスが可塑的に海水適応の発達を取りやめ、河川内回遊の一環として降湖回遊を発現するようになったことが、ある種の〝先祖返り〟だったと仮定すると、やはりサケ科魚類の回遊現象は、本来は川の中だけで完結する河川内回遊に起源したことがうかがえる。つまり、サケ科魚類では河川内回遊をくり返すうちに徐々に海水適応能を発達させ、一部の個体群が徐々に海にまで降海するようになったという進化の過程も浮かび上がる。

以上の議論をまとめると、ビワマスは共通祖先から分化したあとも回遊行動の柔軟性（可塑性）をある程度残しており、その結果、受け皿である琵琶湖の恩恵も受けながら、数十万年にわたって半閉鎖系の琵琶湖水域で繁栄し続けることができたと考えられる。その一方で、ビワマスは降湖期の早期化と合わせて海水適応を生涯にわたって発達させなくなるなど、琵琶湖特有の環境に合わせて生活史戦略を特化させたため、それ以上は分布域を広げることもなく、進化の過程で自らを琵琶湖水域に閉じこめたともいえる。

しかし、その一方で、数十万年後にこのビワマスを原型としてサツキマスやサクラマスが分化（誕生）し、ふたたび彼らが川から海への降海回遊や海水適応能を獲得したのだとしたら、そしてさらにこれらに続いてベニサケ、シロサケ、カラフトマスといった太平洋サケ属の各種が開花したのだとしたら、日本の内陸で連綿と命のバトンを受け渡してきたビワマスの貢献度は限りなく大きかったといえる。

3　サツキマスの降河回遊期の進化

さて、現在の日本列島ではビワマスの共通祖先から分化したと考えられるサツキマスとサクラマスが琵琶湖（のビワマス）を凌駕する広大な分布域を誇っている[1,3]。両者が分化したのは今から2〜5万年前とされ、それは、ビワマスと比べれば比較的最近のことだったとされるが（図1）[1,2]、詳しいプロセスはまだよくわかっていない。ただ、サツキマスの稚魚がビワマスと同じように体側に朱点を持っていること、またサツキマスの分布域がビワマスの分布域である琵琶湖をとり込むように東西に広がっており、さらにその外側にサクラマスの分布域が広がっていることを踏まえると、進化的にはサツキマスのほうがビワマスに近く、生態的にもビワマスに近い性質を備えているのではないかと著者は考えている。

では、サツキマスの場合はどのような背景で孵化後1年後の秋から冬に降河回遊を発現する（ようになった）のだろうか。その理由としてよく挙げられるのが、西日本の沿岸海域は春から夏にかけて水温が上がるため、サツキマスが北方のサケのように春に降海すると夏の高水温に曝されて死滅回遊になってしまうから、という説である。しかし、この部分のみを偏重してしまうと、サツキマスの降海期はあたかも海の環境（夏の高海水温）のみによって（秋〜冬に）規定されているようにも見えてしまう。本書では少し別の観点からの考察も加えてみたい。

著者は、ビワマスも含め、サクラマス群の降河回遊の有無や降河期を決めるのは基本的には起点となる川の環境要因であって、琵琶湖が淡水であるかどうかや、西日本の海が夏に高温になるかどうかではないと考えている。つまり、降海回遊の発現時期は基本的には回遊の起点となる川の環境によって決まると考えられる[5)]。もちろん、サクラマス群ではかつては幅広い時期に降河回遊が行なわれており、それらが徐々に夏の高水温などの海の要因によって淘汰（収れん）されてきた可能性も考えられる。その視点に立てば、降河回遊のアウトラインは起点となる川と受け皿となる海（湖）という2段階の環境要因によって規定されているともいえよう。

話が前後するが、九州南部に生息するサクラマスや、台湾のサラマオマスでは現在、降海する個体群がほとんどいないとみられている。上述の仮説に従えば、その背景には南方の川では生産性（環境収容力）が高く、ほとんどの稚魚が充分なエサをとることで川に残留する見込みが立っていることになる。あるいは、もしかするとこれらの中からは降海する個体も多少は現われているのかもしれないが、仮にそうだとしても受け皿となる海の水温の高さが彼らを死滅回遊へと導き、間接的に彼らの生活史戦略を河川残留に一本化（収れん）させている可能性も考えられる（なおサラマオマスでは近年、一部の個体が秋に海水適応能を高めることが明らかとなっている（棟方ら―未発表）。

4　サクラマスの降河回遊期の進化

すでに何度か述べたように、サクラマスはサクラマス群の中では最も遅い、1歳半の春に降海する[1)]。上述した九州南部に生息する個体群を除けば、基本的にサクラマスが生息する川の平均水温はビワマスやサツキマスの生息河川に比べて低く、競合する異魚種の現存量も少ない傾向にあると思われる。そのため、サクラマスの稚魚では川の中で個体間のなわばり争いが起こったとしても、ある程度は河川内の移動でそれを緩和（または解消）できるものと考えられる。つまり、サクラマスでは一部の稚魚が劣位となった場合にも、サツキマスほどは深刻なストレスを受けない可能性が考えられる。これが、サクラマスの降海が1歳半に行なわれる（1歳半の春まで銀化変態しない）ことの背景の1つではないかと考えられる。

また、前述したように、サクラマスが生息する東北地方や北海道の川は、南西日本のサツキマスの川に比べると生産性（摂餌環境）がよいとはいえない。そのため、サクラマスの稚魚は個体間作用などで受けるストレスはさほど深刻ではないものの、河川内での成長速度は総じてサツキマスなどに比べると遅いものと推察される。こうした背景もあり、サクラマスは銀化変態や海水適応能を発達させうる臨界体サイズに成長するまでに時間がかかるため、仮に降りたくても1歳半の春までは海に降りることができない、という側面もあるのかもしれない。翻って、チャプター13で解説したサクラマスの秋スモルトの場合は、同じく劣位ではあっても川での成長速度が速く、より早く臨界体サイズに到達することができるために1歳の秋に降海する（できる）のかもしれない。

5　まとめ

サクラマス群を含めたサケ科魚類の降海回遊期を俯瞰すると、基本的には進化的に古い属であるイトウ属から進化的に新しい太平洋サケ属になるにしたがって降海期が早くなる傾向が見られる（図2）。また、サケ科魚類の回遊現象は、進化と共に柔軟（不定形）から厳格(定型化)に向かったともの考えられる。ちょうどこうした進化の過渡的なポジションに位置しているのがサクラマス群であり、ビワマスなどには共通祖先から分化したあとに回遊の形質を可塑的に変化させた痕跡が残されているようにも見える。

現在、サクラマス群の降河回遊期に最も強い影響を及ぼしているのは、回遊の起点となる川の環境要因であり、基本的には河川内の個体間作用や摂餌条件などの環境要因によって劣位となった稚魚が、それぞれの生息環境に適切なタイミングで降海するように進化してきたと考えられる。

一方、サクラマス群よりも進化的に新しいとされるシロサケやカラフトマスなどでは現在、ほぼすべての稚魚が孵化後数ヵ月というかなりの短期間で降海するように進化している[3)]。つまり、これらの種では個体間作用をしのぐ強力な要因によって〝すべての稚魚が海に降りざるを得ない（すべての稚魚が劣位となる）状況〟になっていると考えられる。このようなドラスティックな進化の背景を紐解き、サケ科魚類全体に受け継がれる生活史戦略の骨子を概観するため、次の項でも引き続きサクラマス群の回遊の進化について概観したい。

引用文献
1 藤岡康弘：川と湖の回遊魚ビワマスの謎を探る．サンライズ出版．滋賀．2009．216 pp.
2 岩槻幸雄：サラマオマス（台湾マス）系統のヤマメ（サクラマス）は九州（日本）には分布しないの？（http://

www.cc.miyazaki-u.ac.jp/yuk/research/saramaomasu.html).
3 棟方有宗：サクラマス　その生涯と生活史戦略（1）．海洋と生物，231: 376-379, 2017.
4 Kuwada, T., Tokuhara T., Shimizu M., Yoshizaki G.: Body size is the primary regulator affecting commencement of smolting in amago salmon Oncorhynchus masou ishikawae. Fish. Sci., 82: 59-71, 2016.
5 棟方有宗：サクラマスその生涯と生活史戦略（2）．海洋と生物，232: 479-482, 2017.

Chapter 15

サクラマス群の回遊行動の進化（後編）

Evolution of Masu Salmon Migration (II)

本チャプターでは引き続きサクラマスの回遊に関わる生活史戦略の骨子について推論する。

1　サクラマス群の降河回遊の期間

前のチャプターでも考察したように、現存するサクラマス群の中ではビワマス（*O. masou* subsp.）が最も早く（約50万年前に）分化して現在の琵琶湖周辺に棲みつき[1]、その後、サツキマス、サクラマスの順番で分化が起こったと著者は考えている。この考えを踏まえると、現在の日本列島で見られる3者の分布域は、琵琶湖のビワマスを起点としてサツキマス、サクラマスの順に同心円方向（2層）に広がるように形成されたと見ることができる（次頁図1）[1]。このことからも、日本列島ではサツキマスがサクラマスよりも先に分布していた可能性が考えられる。そして、サツキマスの分布域が定まった後、その辺縁では後から分化したサクラマスの個体群がサツキマスとは重複しない新たな水域に棲み着いた可能性と、辺縁部のサツキマスの分布域の上にサクラマスの分布域が一部重複

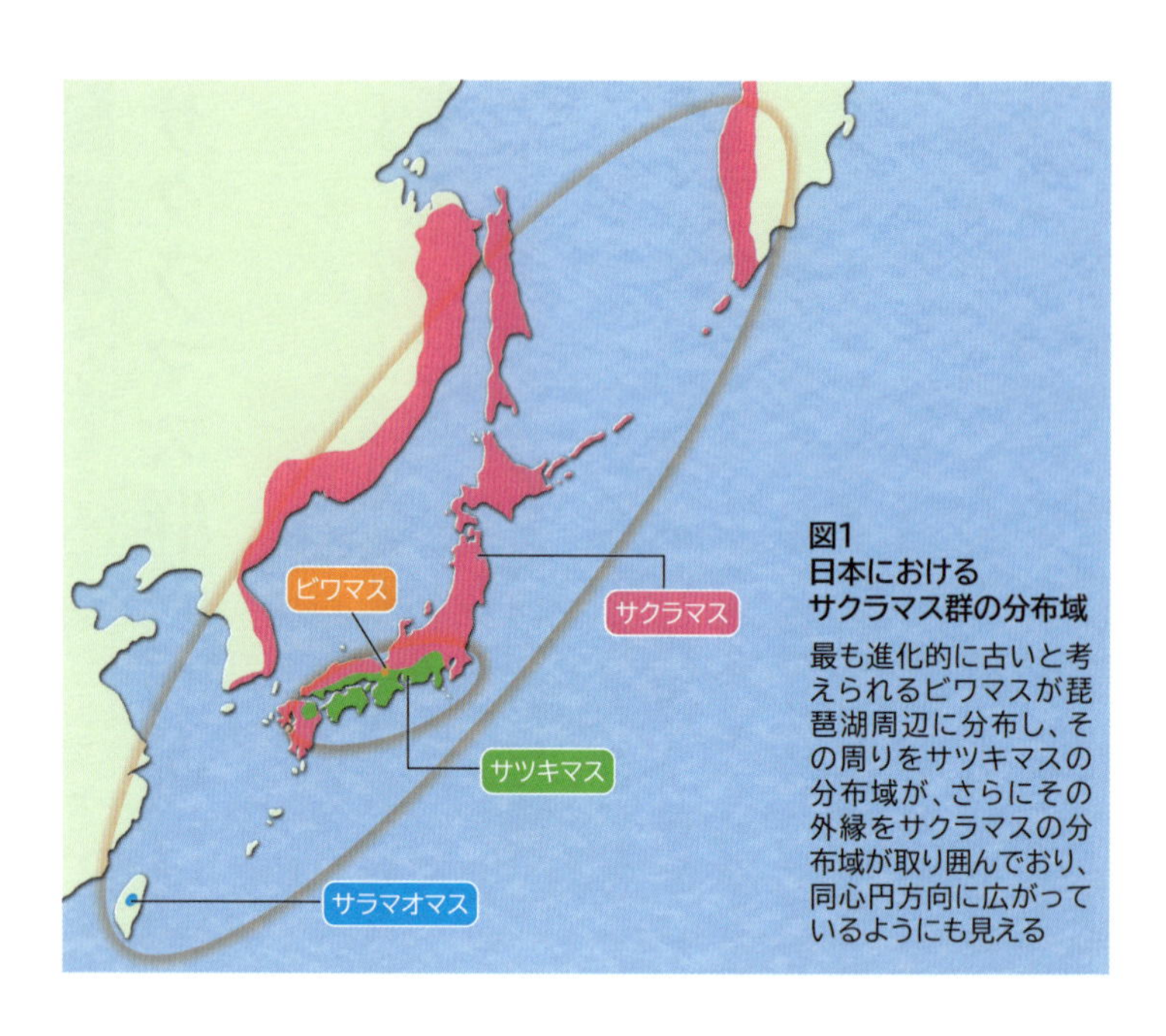

図1 日本におけるサクラマス群の分布域

最も進化的に古いと考えられるビワマスが琵琶湖周辺に分布し、その周りをサツキマスの分布域が、さらにその外縁をサクラマスの分布域が取り囲んでおり、同心円方向に広がっているようにも見える

し、部分的に遺伝的情報の上書きが起こった可能性などが考えられる。この推論についても、さらなる検証が望まれる。

　また前のチャプターではビワマス、サツキマス、サクラマスの降河回遊型がそれぞれ生後数ヵ月後の5月頃、約1年後の秋、約1年半後の春に降海（湖）する理由について考察した[1]。現存する3タイプではこのように降海（湖）期が大きく異なるが、共通している部分もいくつか見られる。たとえばそれは、彼らは自分が生まれた川での成長や性成熟が見込まれなくなると、それぞれの生息環境に応じて川の下流域（または海や湖）へと降河回遊を行なうという点である。

では、彼らの降海（湖）後の索餌回遊の期間や範囲は、どのようになっているのだろうか。一般的にはビワマスは、琵琶湖内で2～5年間[2)]、サツキマスは沿岸海域で約半年間[3)]、またサクラマスはオホーツク海に至る海域で約1年間[2)]の索餌回遊を行なったのちに母川に遡上することが知られている。またこうして母川内に遡上した魚のほとんどは性成熟の兆候を示し、その年の秋に産卵することから、端的にいえば、彼らの降海（湖）の期間は彼らが性成熟を開始するまでの期間に等しいといえる。一方で、性成熟を開始するか否かは、基本的には成長の良否によって決定されるという。このことから、別の見方をすれば、彼らは成長を成し遂げるまでの間、海や湖で回遊するともいえる。

これらの説を踏まえると、ビワマスの降湖期間が数年間あり、かつ年数に一定の幅があるのは個体レベルの成長率に遅早のばらつきがあるためと推察される。他方、サツキマスやサクラマスの多くは基本的には半年間、または1年間の降海期間で充分に（手堅く）成長・性成熟できるものと考えられる。

2　サクラマス群の遡上時期

次に、サクラマス群が母川に遡上する時期について考察する。ビワマスは産卵期直前の秋（10～11月）に、またサツキマスとサクラマスの多くは産卵期よりも数ヵ月早い春から初夏（2～6月）にかけて、母川に遡上することが多い[3)]。

前述したように、川で産卵を行なうサケ科魚類であるサクラマス群は、本質（生活史戦略）的にはなるべく自分が生まれた川の産卵水域にい続けることを志向しており、性成熟の見込みが立った個体ほどその傾向が強まるものと考えられる。そのため、川で良好な成長ができ、性成熟の見込みが立った（優位な）稚魚はそのまま河川残留型となり、それ以外の稚魚が降河回遊型となって下流域や海（湖）に降り、性成熟の開始とともに今度は産卵場への回帰・遡上回遊を開始するものと考えられる。こうした生活史戦略が備わっているため、比較的規模の大きい川を母川とするサツキマスやサクラマスは、少しでも早く産卵水域に近づいておくために春の時点で母川に遡上し始めると考えられる[4)]。ただし、彼らが産卵を行なう上流域は大型化した親魚が秋まで身を潜めるには適しておらず、とくに防衛面で難があると考えられる。そのため、降海回遊型のサツキマスやサクラマスの親魚は1段下の中流域で待機（越夏）し、秋に第2段目の遡上を行なうことで、産卵期直前のタイミングで産卵水域に到達するようになっていると著者は考えている[4)]。

一方、ビワマスが索餌回遊を行なう琵琶湖は、純然たる淡水の水域であり、そこから川に遡上する際には浸透圧調節の切り替えが伴わない。つまり、ビワマスの降湖はサツキマスやサクラマスの回遊になぞらえると、数年間にわたって川の大淵（や人造湖）で回遊し続けている〝河川内回遊〟の状態に相当するともいえる。そのため、彼らは秋まで琵琶湖（という淵）にい続けることが可能であり、産卵期ぎりぎりのタイミングでダイレクトに流入河川への遡上を行なうものと思われる。

3 サクラマス群の回遊の範囲

上述のように、ビワマスは琵琶湖内のみで索餌回遊を行なう（239頁図2）。ただし、琵琶湖の流出口にあたる瀬田川には、近代になって瀬田川洗堰が設置されているために魚が自由に行き来できないが、それ以前はビワマスの稚魚が淀川を介して大阪湾に降海することも可能だったと考えられている[2)]。過去も含めてビワマスが琵琶湖から降河（降海）回遊を行なわなくなった理由の1つとしては、彼らが進化の過程で可塑的に海水適応を起こさなくなり、仮に降海したとしても死滅回遊となってしまうことも関係していると考えられるが、彼らが降海しないもう1つの理由としては、琵琶湖に降湖した稚魚は2〜5年の年月をかけさえすれば湖内だけでも充分に成長（成熟）することができ、あえて大阪湾に降りて海の外敵に捕食されるリスクを負う必要がなくなったことも大きいと思われる。また生理学的にいえば、こうして琵琶湖では海水の浸透圧のストレスを受けなくなったことで徐々にコルチゾルによって発現が刺激される海水適応機構も発達しなくなったともいえる。

なお、琵琶湖内とひと口にいっても、ビワマスの多くは夏には水温が低い水深10〜数十メートルの水深で、いっぽう冬は水温が低下した表層付近まで浮上して索餌回遊を行なうようであり[2)]、彼らは常に好適な水温の回遊域（レイヤー）を選択していると考えられる。その点において、ビワマスの回遊範囲は琵琶湖以上の水平方向には広がっていない反面、鉛直方向の回遊範囲が広く細かく選択されているものと考えられる。つまり、一見するとビワマスの回遊範囲は琵琶湖という狭いエリアに限定されているが、季節ごとに利用する回遊の階層を敷き詰めるとそれなりに広い空間で回遊が行なわれていることにもなる。

次に、サツキマスの回遊の範囲について考察する。上述したように、基本的にサツキマスが河口域や湾内といった沿岸海域で回遊する（ようになった）背景には、降河回遊の起点となる川の環境に加えて、降海先の海の環境（黒潮やその水温）の影響もあったものと推察される。すなわち、すでに述べたようにサツキマスは、主には産卵水域での個体間作用（ストレス）の大きさのため、サクラマス（1歳半）よりも半年早い1歳の秋～冬に降海するようになった可能性が考えられる。その一方で、サツキマスがこの時期に海に降りるようになったもう1つの背景が、彼らが索餌回遊を行なう伊勢湾や瀬戸内海といった海の環境だと考えられる。基本的に、サツキマスが降海する西日本の太平洋沿岸には世界屈指の暖流である黒潮が流れている。そのため、もし彼らがサクラマスのように春に海に降りてしまうと、夏の高水温によって死滅回遊となってしまう恐れが生じる。また、たとえ水温が最も低くなる秋～冬に降海したとしても、黒潮域の水温はなお高く、もしも黒潮の流れに乗ってしまうと、半年後までに母川に回帰することも困難になる。そのため、彼らの多くは基本的には黒潮に直接ふれない湾内や沿岸海域でのみ索餌回遊を行なうようになったものと推察される。

一方、サクラマスは、サクラマス群のなかで最大の回遊範囲を示す[1)]。すなわち、春に日本海、または太平洋に降りた降海回遊型の稚魚は海流の向きによらずに海域を北上し、基本的にはオホーツク海に向かうことが示されている。また、一部の個体群は冬の間にオホーツク海から鳥取～島根沖や三陸沖へと南下する索餌回遊（越冬とも見れる）を行なうこともわかっている[4]。このような季節的な南北方向の移動も含めて、サクラマスは基本的には海域において、自分たちに好適な水温のエリアを選択することで、こうした広いエリアでの索餌回遊を行なっていると思われる。また、彼らが索餌回遊のエリアを決めるう

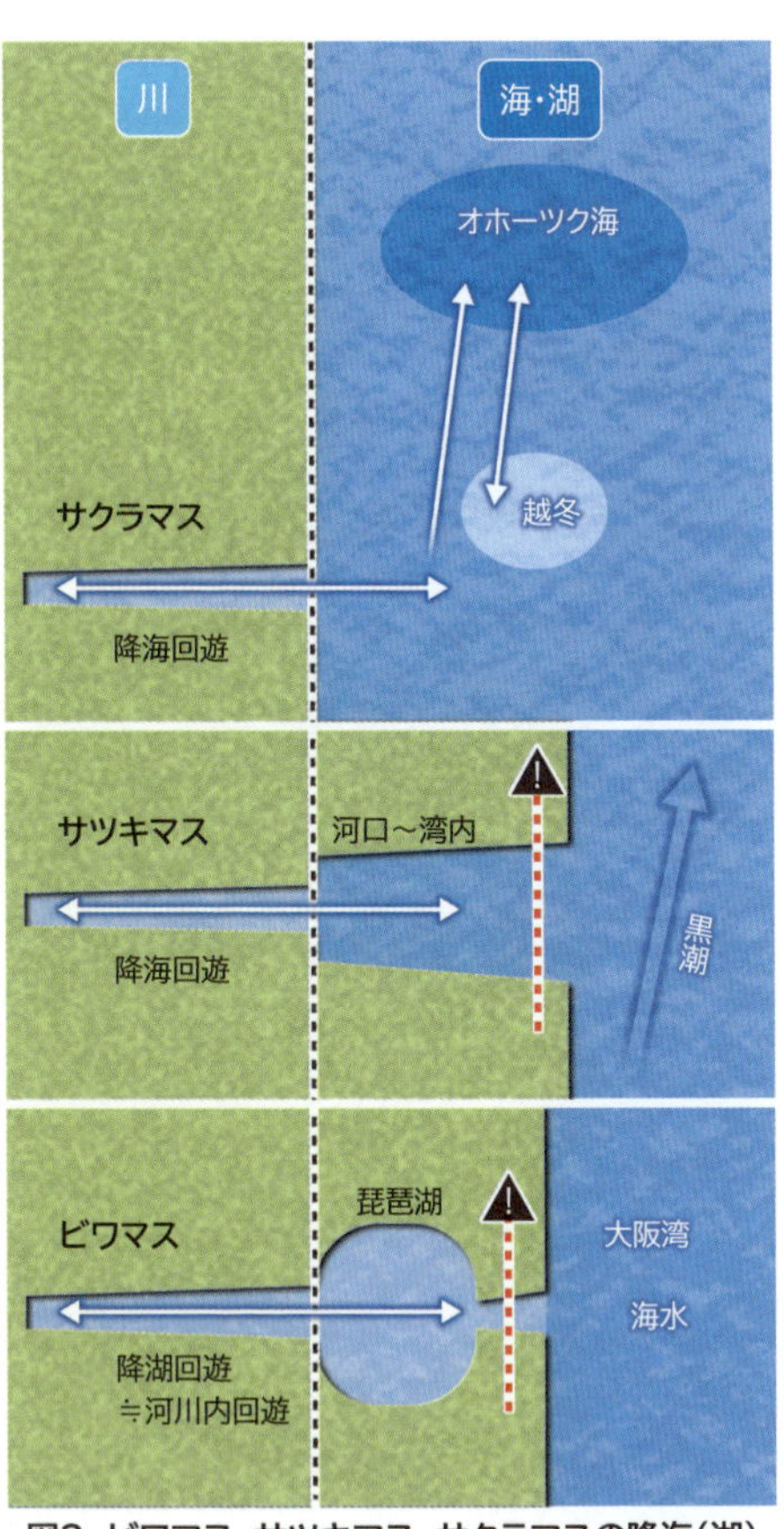

図2　ビワマス、サツキマス、サクラマスの降海(湖)回遊の広がりとそれらに影響を及ぼす要因

ビワマスは、流入河川内の河川内回遊の延長として琵琶湖に入る。サツキマスも河川内回遊の延長として降海するが、黒潮の影響を受けて沿岸域に留まると考えられる。サクラマスも、河川内回遊の延長として降海し、水温と摂餌環境の双方の影響を受けることでオホーツク海に至る海域で大規模な南北方向の回遊を行なう

えでは水温環境だけでなく、摂餌環境の良否も大きく関係すると考えられる。つまり、サクラマスの降海回遊型は水温環境と摂餌環境の双方を選択した結果として、こうした広い海域での索餌回遊を行なうようになったと推察される。その点においては、サクラマスはビワマスやサツキマスとは対照的に、北太平洋の広い範囲で自身の成長や性成熟を最適化するための広大な回遊範囲を構築する方向に進化したものと考えられる。このような新しい回遊戦略が、以降に現われた他の太平洋サケ属の大回遊にも直接・間接的に受け継がれたのだとしたら大変に興味深い。

なお、このようにサクラマスの段階で降海回遊の範囲が劇的に広がったことを示す別の根拠となっているのが、台湾のサラマオマスの存在であろう。すなわち、かつてサクラマスの一部の個体群は寒冷期に台湾付近にまで南下しており、その後、間氷期に海水温が上昇したことで台湾高地の大甲渓付近に残存したのが現在のサラマオマス（*O. masou formosanus*）だと考えられる[1)]。

4　サクラスからシロサケ、カラフトマスの回遊へ

以上のように、サクラマス群ではなんらかの要因で川の産卵水域での充分な成長と性成熟が見込まれなくなった個体が川を降りはじめ、一部がさらにその行動の延長として海、または湖にまで降りる降海（湖）回遊型になると考えられる。

サクラマス群のうち、最も進化的に古いとされるビワマスの降湖回遊は、流入河川と琵

琶湖の間で、サツキマスとサツキマスの降海回遊はそれぞれ川と沿岸域、川とオホーツク海の間で行なわれており、一見するとサクラマス群の回遊の範囲（エリア）は、進化とともにそれまでの河川内のみの回遊から、より広い水域である海（湖）への回遊へと一段階拡張したように見える（図2）。しかし、ビワマスの回遊は川と琵琶湖という淡水域のみで行なわれており、空間の広さを無視すれば、彼らの回遊は河川内回遊の1つと見なすこともできる。そして、このような視点に立つと、その後に分化したサツキマスとサクラマスの降海回遊も、海水への移動に伴う浸透圧調節が加わったことを除けば、基本的には降河回遊の延長として川から沿岸域、あるいは川からオホーツク海に至る流れの中で行なわれていると見なすこともできる。

サクラマス群は、太平洋サケ属のなかでは進化的に古いタイプにあたり、一方で彼らはその後に分化し、現在ではもっとも長い期間と範囲で降海回遊を行なうベニザケやシロサケ、カラフトマスの祖先型にあたるグループでもある[1)]。このような系統的な位置にいることもあって、ビワマスでは彼らの祖先型であるイトウ属やイワナ属に見られる〝回遊形質のゆらぎや可塑性〟が保持されていたものと推察される。そのためにビワマスは海水適応能の可塑的な消失とあわせて降湖期の早期化が進むなど、以降の太平洋サケ属では標準となった、降河回遊開始までの期間の短縮が起こったと考えられる。その一方で、サツキマスやサクラマスは後に分化したベニサケやシロサケ、カラフトマスにも見られる降海期間の延長や、海での索餌回遊エリアの拡大が起こったと考えられる。こうしてサクラマス群で新たに行なわれるようになったいくつかの現象が、その後に分化した太平洋サケの回遊の進化に底流として受け継がれていったのだとしたら、太平洋サケ属全体の進化を探る上でも大変興味深い。そこで次のチャプターでは、これまでに明らかとなってきたサクラマス群の回遊行動や生活史戦略の進化の過程を太平洋サケ属全体にあてはめ、本属全体の回遊の進化の過程についてさらに考察したい。

本稿の執筆に際しては、元滋賀県水産試験場、藤岡康弘博士に有益なご助言をいただいていることを申し添える。

引用文献

1 棟方有宗：サクラマスその生涯と生活史戦略（14）．海洋と生物，244: 463-466, 2019.
2 藤岡康弘：川と湖の回遊魚ビワマスの謎を探る．サンライズ出版，滋賀，2009．216 pp.
3 棟方有宗：サクラマスその生涯と生活史戦略（1）．海洋と生物，231: 376-379, 2017.
4 棟方有宗：サクラマスその生涯と生活史戦略（4）．海洋と生物，234: 82-85, 2018.

Chapter 16

太平洋サケの回遊行動の進化

Evolution of Migration in Pacific Salmon

本チャプターでは太平洋サケ属全体や、サケ科魚類の回遊行動の進化について概観する。

1 太平洋サケ属の回遊進化

ここまでの本書で見てきたように、サケ科魚類では進化的に古いとされるイトウ属やイワナ属の多くが終生の河川生活を送り、進化的に最も新しいとされる太平洋サケ属では多くの稚魚が降海回遊を行なう方向へと進化してきた[1]。またこの間、回遊を開始するまでの期間は短くなり、回遊を行なう期間や範囲（距離）は長くなる傾向を示した。つまり、サケ科魚類では進化に伴ってより多くの稚魚がより早く、より遠くまで回遊するように変化してきたといえる。

この傾向は、同じ進化の線上にいる太平洋サケ属の各種にも基本的にそのまま当てはまる。すなわち、本属内で進化的に古いとされるスチールヘッドトラウトからサクラマス群を経て、進化的に最も新しいとされるシロサケやカラフトマスに向かってほぼ同様の進化の傾向が見られる。では、どのようにして、あるいは何のためにサケ科魚類はこのような

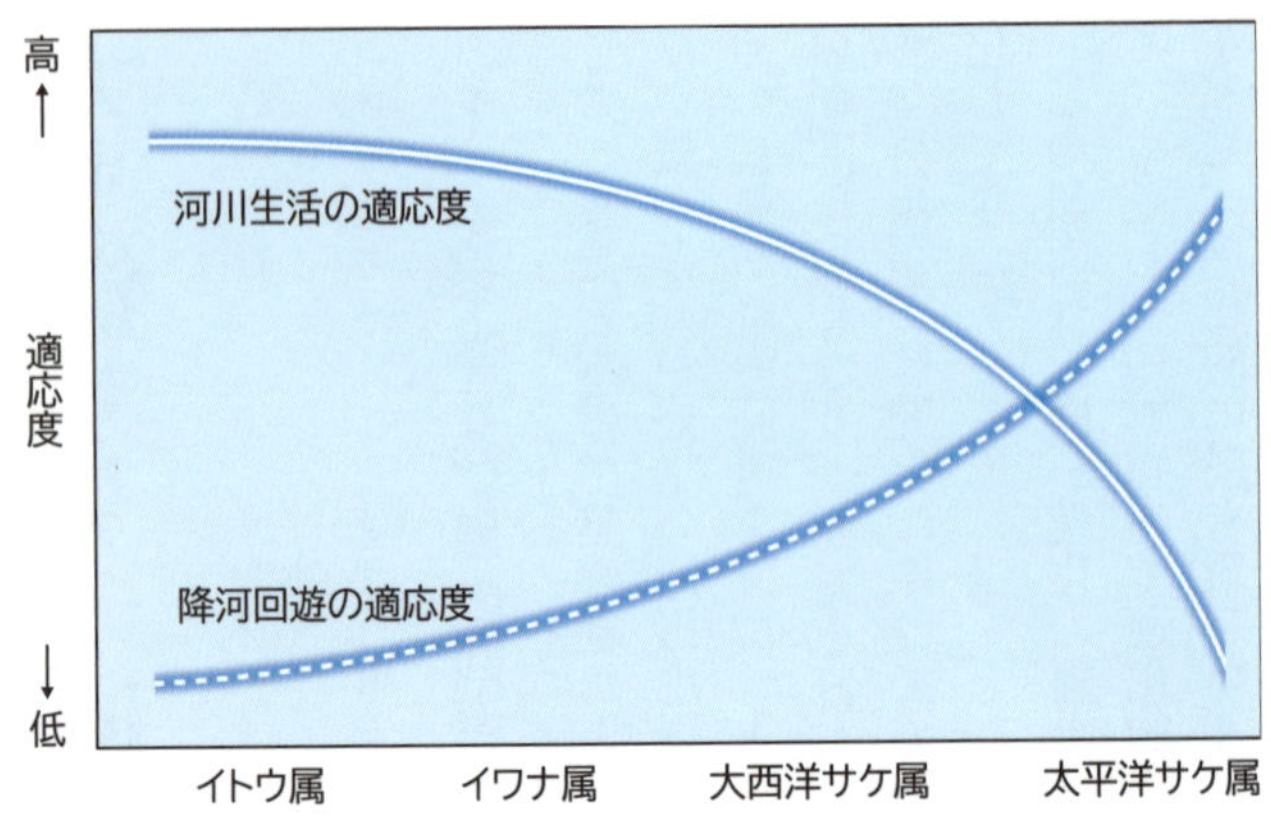

図1　サケ科魚類における河川生活と降河回遊の適応度の変化（概念図）
進化的に古いイトウ属やイワナ属では河川生活の適応度が高く、太平洋サケ属のシロサケやカラフトマスなどでは降河回遊の適応度が高い

方向に向かって進化してきたのだろうか。このことを、これまでのサクラマス群内の回遊現象の知見も踏まえつつ、可能な範囲で推論してみたい。

2　降河回遊期の早期化と回遊個体の増加はなぜ起こったか

あらためてサケ科魚類を俯瞰すると、イトウ属、イワナ属、大西洋サケ属の多くの種では一部の個体がおおむね孵化から1〜2年目以降に降河回遊を行なうことがわかる[1)]。一方、進化的に最も新しいとされるシロサケやカラフトマスではほぼすべての稚魚が孵化から数ヵ月後の春には海に降りる。ではなぜ、より多くの個体がより早く降河回遊を行なうようになったのだろうか。

まず、以降の議論を行なう前に、いくつかの前提についても再度確認しておきたい。も

イワナの成魚。仙台などで典型
的に見られる体色をしている

シロサケの親魚（山形県鮭川）

ベニザケの親魚

カラフトマスの親魚（堺淳撮影）

ともとは川で産卵する淡水魚が祖先だったサケ科魚類では、本来は産卵場がある母川の産卵水域にい続けて産卵期を迎えるほうがより適応度が高かったと考えられる（２４４頁図１）。つまり、あとから生まれた形質である川から海への降河回遊は、何らかの理由で産卵水域にい続けることが困難になった（適応度が下がった）個体が次善の策として、適応度の低下を最小限にとどめるために発現した、一種の逃避行動だったととらえられる。そのように見ると、少なくとも進化の初期の段階においては、降河回遊を行なわないにこしたことはなく、そうせざるを得ない場合でもその規模は最小限にとどめることが望ましかったと考えられる。

しかし、実際にはサケ科魚類ではその後、進化とともに降河回遊期が早期化し、回遊を行なう個体の割合も増加する方向へと進んでいった[1)]。このことから考えられるのは、進化的に古いイトウ属やイワナ属は今も川に残留するほうが適応度は高いのに対して、進化的に新しいシロサケやカラフトマスは何らかの理由で、川から海へと降河回遊を行なうことのほうが適応度は高くなっている、という可能性である。仮にそう考えると、サケ科魚類では進化の過程で河川残留と降海回遊の適応度が逆転した転機（転換点）があり、それ以降はより多くの種が積極的に降海回遊の生活史戦略をとるようになったととらえることができる。

では、どのようにしてこうした生活史戦略の変化（転換）が生じたのだろうか。これまで本書で概観してきたサクラマス群の生活史を眺めると、この背景の１つとして考えられるのが、①回遊形質の柔軟性（可塑性）や、②分布域の拡大に伴う新たな環境要因との遭遇、③新たな環境要因に対する感受性（生理的機構）の変化、といったことが浮かんでくる。以下、順を追って考えてみたい。

1　回遊形質の柔軟性（可塑性）

これについては、サクラマス属の中では最も進化的に古いと考えられるビワマスが、琵琶湖周辺の環境に合わせて降湖期を0歳の5月頃へと早期化し、さらにはそれまでに獲得していた海水適応の機構を発現しなくなった可能性があることを述べた[2-4]。つまり、この頃のサケ科魚類（ビワマス）は、まだ川（湖）の環境に合わせて回遊の形質を変化させる性質（可塑性）を充分に備えていたと推察される。つまり、端的にいえばこうしたビワマスの性質（可塑性）が、後に分化したシロサケやカラフトマスなどの共通祖先にも基盤として受け継がれ、その結果、彼らも何らかの環境要因の変化を受けることで徐々に降河回遊期の早期化が起こった可能性が考えられる。

2　分布域の拡大による生息環境の変化

このように、サケ科魚類の祖先型が環境に合わせて回遊形質を可塑的に変化させる性質を持っていたとすると、進化の過程でさらに大きな影響を及ぼしたのが、彼らの分布域の拡大に伴って遭遇した〝新たな環境〟だったのではないだろうか。基本的には、サケ科魚

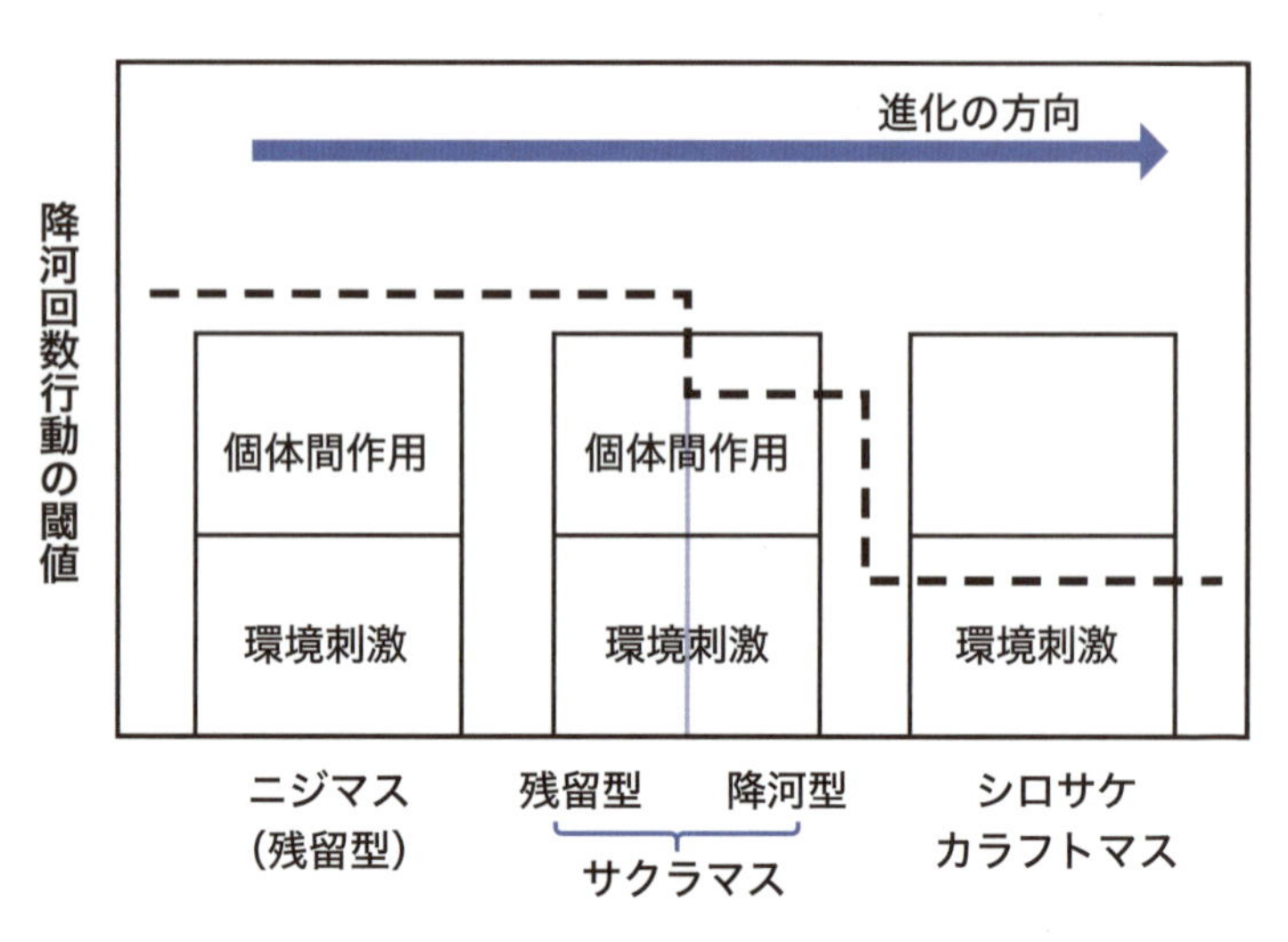

図2　太平洋サケ属における降河回遊行動の発現要因と閾値の関係（概念図）
ニジマスの残留（河川残留）型では個体間作用や環境刺激が加わっても閾値が高いため降河行動は起こらない。サクラマスの残留型も同様であるが、降河（降河回遊）型では、個体間作用と環境刺激によって降河行動が発現する。シロサケ、カラフトマスでは個体間作用がなくても環境刺激だけで降河行動が起こる

類は回遊の進化が起こったことを受けて、北半球内での分布域が徐々に拡大してきたと考えられている。しかしこれは、こうした分布域の拡大に伴う生息環境の変化が、サケ科魚類の降河回遊現象のさらなる変化（進化）を引き起こす原動力になってきたという見方もできるかもしれない。

たとえば太平洋サケ属では、共通祖先と考えられる大西洋サケ属の一部がベーリング海峡を通って太平洋に進入したあとに、現在の日本海付近で最初にスチールヘッドトラウト（ニジマス）の祖先型が誕生（分化）したといわれている[5)]。その後、今度はビワマスの祖先型が分化して現在の琵琶湖周

辺に定着し、さらにその後、サツキマス、サクラマスの順に分化が起こり、日本列島を中心に分布域を拡大していったと考えられる[2,3]。また、同じく共通祖先から分化したベニザケやシロサケ、カラフトマスなどの祖先は徐々に北太平洋沿岸を北上し、ロシアから北米に至る広い範囲に分布域を広げたと推察される。

上記のいずれの種にせよ、これらの太平洋サケ属が新たに棲み着いた川の環境は、かつて共通祖先が暮らしていた大西洋沿岸の川や海とは異なる部分が多かったはずである。たとえば太平洋北部沿岸の川の多くは流程が短く急峻であり、春以降には雪解け水や氷河から溶け出した水で流量が大きく増加する傾向が見られる。また一般に、北半球高緯度域の川の多くは生産性が低く、摂餌環境が厳しいことが多いが、その反面、太平洋北部のオホーツク海やベーリング海、アラスカ湾などでは海域の生産性がかなり高く、餌生物の豊度も高い。このような環境にあらたに進出した太平洋サケ属にとっては、河川生活を続けることの適応度が低くなり、一方で海域に降河回遊を行なうことの適応度が相対的に高くなったため、より多くの個体が早期に降海する方向に進化し、それが遺伝子に上書きされていったのではないだろうか。こうした環境の影響を受けた結果、現在のシロサケやカラフトマスなどではほとんどの稚魚が0歳の春と、太平洋サケ属の中では最も早く降海するように進化したとも考えられる。

またこれとはスケールが異なるが、サクラマス群ではビワマスとの共通祖先からサツキマスが分化して琵琶湖を取り囲むように分布域を拡げた際、沿岸を流れる黒潮の暖水の影響を受けることで秋降海の形質が生まれた（進化した）可能性が高いことについては前述した[3)]。こうした回遊形質の変化も、新たな分布域の生息環境によって生じた例の1つと考えられる。

3　環境要因に対する感受性の変化

一方、ある種の太平洋サケ属においては、川の環境刺激に対する自身の生理的な感受性を変化させることで降河回遊行動がより発現しやすくなるような変化（進化）が起こった可能性も考えられる。本書でも多くのページを割いてきたように、サツキマスやサクラマスなどは同じ川で生まれた同一系群の稚魚の一部が降河回遊型へと銀化変態し、これらの多くが個体間作用や雪代による増水、水温の急激な低下といった環境刺激に呼応して降河回遊を発現する（248頁図2）。一方で、河川内で充分な成長を遂げ、早期に成熟した個体は河川残留型となり、これらは川の中でほぼ同様の環境刺激を受けるにもかかわらず、降河行動は発現せずそのまま河川生活を続ける[2)]。つまり、サクラマス群は銀化変態を行なうことを通じて降河回遊型のみが環境刺激に対する感受性を高め（閾値を低下させ）、より積極的に降河回遊行動を発現するようになった可能性が考えられる。

このことからさらに考えられるのは、サクラマス群は基本的には良好な成長を遂げて河川残留型となり、川にい続けることを志向するものの、それが困難となれば今度は自ら環境刺激に対す感受性を高めることで、より積極的に降河回遊行動を行なう方向に生理的に舵を切った可能性があるということである。つまり、何がいいたいかというと、サクラマス群は図1において河川残留と降河回遊の適応度が交叉する、回遊進化の転換点付近に位置するグループといえそうということと、この段階でサクラマス群は自らの意思で川に残るか、降海するかといった回遊行動の生理的な感受性を操作し、進化的にはこの段階で河川残留と降海回遊への依存度が転換されたといえるかもしれない。

こうして、サクラマスなどのサクラマス群の一部の個体（銀化魚）が生理的機構によってより積極的に降河回遊を取り入れる方向へと転換していったのだとすると、その後に分化した太平洋サケ属においても、さらに生理的な感受性の変化（閾値の低下）が進んだ可能性は充分に考えられる。すなわち、シロサケやカラフトマスなどでは同種内の個体間競争が生じる以前に、河川環境の刺激のみで大規模な降河回遊行動が発現するようになったとも考えられる。これらの種が分布する北海道や北米では、同じ川の流域にイワナやカットスロートトラウトなどのサケ科魚類が同所的に分布するが、これらの種の多くの個体は、同じ環境の刺激が加わってもシロサケやカラフトマスほどの顕著な降河回遊を行なうことはない。これも、魚種によって環境刺激に対する感受性（閾値）が異なることの表われではないかと考えられる。

以上の推察を踏まえると、太平洋サケ属を含むサケ科魚類は生息河川の環境の変化を受けることや、自身の回遊形質や環境刺激に対する感受性を可塑的、あるいは柔軟に変化させることで川と海の環境を巧みに利用し、徐々に降海の適応度を上げる方向へと進化したものと考えられる。

3 回遊の範囲（距離）と期間の拡大

最後に、太平洋サケ属が進化とともに回遊の範囲や回遊期間を拡大してきた背景について考察する。

前のチャプターでも述べたように、サラマオマスを除くサクラマス群の中では、ビワマスの回遊範囲が琵琶湖内のみと最も狭い[4]。一方、サツキマスは母川河口域から沿岸海域にかけて、またサクラマスは母川河口域からオホーツク海にかけての広い範囲で回遊を行なう[2,3]。このことからも、端的には後から分化したサクラマス群ほど、より回遊範囲が広くなったといえる。また、さらにその後に分化した太平洋サケ属は、回遊範囲はさらに拡大している。では、回遊範囲はどのようにして拡大していったのだろうか。

前述したように、ビワマスの回遊範囲は琵琶湖の範囲によって明確に規定されているため、一見するとその規模は小さいように映る。しかし、実際にはサクラマス群ではどのタイプも常時、水域の中をある程度のスピードで遊泳（回遊）しており、可能性としては単位時間あたりの遊泳距離には大きな開きはないとも考えられる。また、ビワマスは琵琶湖の面的な範囲内のみで回遊を行なっているように見えるが、実際には季節ごとに索餌回遊を行なう水深帯（レイヤー）を変化させていると考えられる[2-4]。つまり、これらのレイヤーを切り出して並べれば、実際の回遊範囲は、ビワマスが2～5年湖内を回遊することを踏まえると優に琵琶湖の面積を上回り、場合によってはサツキマスやサクラマスにも肉薄するのではないかと考えられる。

一方、これを踏まえると、基本的にサツキマスやサクラマスはビワマスとは異なり、回遊範囲がより水平方向に広がるように進化したといえる。特に、北方に進出したサクラマスの場合は回遊範囲がビワマスやサツキマスのように琵琶湖や黒潮の水温によって制約されることもないため、好適な水温と豊かなエサ場という2つの条件が重なる水域をフレキシブルに選択することで、日本沿岸からオホーツク海にかけての広い水域で索餌回遊が行なわれるようになったのではないかと推察される[2,3]。このように、太平洋サケ属に限ってみれば、回遊範囲の拡大は、平均水温が低い太平洋の北側に分布する種ほど起こりやすかった可能性も考えられる。その表われの1つが、シロサケの日本からベーリング海、さらにはアラスカ湾に至る広大な回遊ではないだろうか。

では、回遊の期間についてはどのように考えることができるだろうか。これについては、サクラマス群などの知見から、基本的には性成熟が開始されるまで、あるいは成熟の開始を保証する充分な成長が達成されるまで回遊が行なわれると考えられる[2,3]。つまり、サケ科魚類の回遊期間が進化とともに長くなったのは、仮に降海期の若齢化を加味したとしても、北太平洋ではそれだけ性成熟の開始（成長の完了）までに要する時間が長くなったからだと考えることができる。また一方で、太平洋サケ属内では回遊の範囲（距離）と回遊期間が相関しているようにも見える。

4　まとめ　太平洋サケ属の回遊とは

以上、この章では主にサクラマス群の回遊現象に関する知見をもとにしながら、太平洋サケ属やサケ科魚類内で起こってきた回遊の進化について考察した。現段階ではこれらの説の大半が推論の域を出ないが、本書ではそれを承知のうえで提出させていただく。近い将来に著者の推察が叩き台の1つとなり、サケ科魚類の回遊現象やその進化をより深く理解するための礎となってくれれば望外の喜びである。

引用文献

1　棟方有宗：サクラマスその生涯と生活史戦略（1）. 海洋と生物, 231: 376-379, 2017.
2　棟方有宗：サクラマスその生涯と生活史戦略（14）. 海洋と生物, 244: 463-466, 2019.
3　棟方有宗：サクラマスその生涯と生活史戦略（15）. 海洋と生物, 245: 550-553, 2019.
4　藤岡康弘：川と湖の回遊魚ビワマスの謎を探る. サンライズ出版, 滋賀, 2009. 216 pp.

第4章 アウトリーチ

Chapter 17 ドローンによる空からの行動追跡

Tracking Radio-Tagged Masu Salmon by Drone

本章では、サクラマス群などの太平洋サケ属に関わる研究手法や成果、研究のアウトリーチについて紹介する。

1 太平洋サケを追跡する標識

サクラマス群などのサケ科魚類の多くは川と海との間で通し回遊を行なうことから、彼らの移動の様子や生態をどうやってとらえるかが研究界でも関心事であり、これまでさまざまな個体標識法が開発されてきた。たとえば、初期には魚体の一部を用いる標識法（魚体標識とする）が中心であったが、その後は徐々に魚体に対して体外由来の明確な標識（タグ）を装着する方向へと広がっていった。

魚体標識は、標識作業が比較的簡単で、かつ外部から確認しやすいものもそれなりに多い（例えばヒレの一部の切除など）[1)]。ただし、これらは標識（可能な部位）のバリエーションが少なく、また複数の魚を個体ごとに識別することには不向きであり、今日では主にグループ単位の標識に多く用いられている。また、魚体標識では体の一部の形状を改変することが多いため、遊泳行動や、感染症などの健康面への影響も懸念される。一方で、近年は仔魚の耳石にＡＬＣ（アリザリン・コンプレックソン：体外由来成分であるが、基本的には耳石の生成過程を応用しているのでここでは魚体標識に含める）[2]や、水温[3]で特徴的な輪紋を付すといったような、基本的に魚体に大きな傷をつけない標識法も開発されている。しかし、これらは比較的簡便、かつ一度に大量の魚に標識が可能であるが、やはり標識のバリエーションはあまり多くない。また、これらの耳石標識は体外からは標識の有無が観察できないため、基本的には魚を殺し、耳石の摘出を行なう工程が必要となる。

一方、体外由来の物質を用いる標識では、標識のバリエーションを格段に増やすことができるのが大きな特徴である。またその機能によって、自体には発信能力がない（passiveな）標識と、音波や電波等によって発信能力、または遠隔的に探知可能という性質をもつ（activeな）標識がある。

体外由来のpassiveな標識としては、リボンタグ[1]やスパゲティータグといった体外に装着するタイプ、蛍光色素や小型樹脂、金属などの、体表の下層（皮下）に挿入するタイプがある。リボン・スパゲティータグの多くは棒状のプラスティックでできており、色や形状、タグ上に記載する数字や記号によってＩＤのバリエーションを増やすことが可能であるが、デメリットとしては体外にタグを装着することで体の一部に傷ができ、疾病の原因となりうることが挙げられる。また体外にはみ出たタグが遊泳時の抵抗となることや、タグにゴミが絡まることなども懸念される。

一方、皮下に挿入する色素・樹脂・金属製タグは色や記号、数字によって標識のバリエーションを増やすことができ、かつ体外にほとんど突起物が生じないため、行動への影響や長時間残る傷もできにくい。

ただし、これらを体表部に装着する際には若干の技術（注射器による皮下注射やピンセッ

標識種（大別）	機能	具体名	主な特徴
魚体標識	Passive	ヒレ切除 耳石標識 （ALC・水温）	標識バリエーション少ない・行動への影響の可能性 大量の標識が可能・体外から標識が確認できない
体外由来標識		リボンタグ スパゲティタグ 蛍光色素 金属	標識バリエーション多い・行動への影響の可能性 同上 標識バリエーション多い・行動への影響は少ない 同上
	Active	PIT タグ 音波タグ 電波タグ 衛星通信型タグ	電源不要で小型・受信範囲は数メートル程度 形状的に体内装着可能・陸上からは受信できない 陸上から受信可能・アンテナが魚体から垂れる ポップアップ式であれば回収が確実・装置が大型

図１　代表的なタグと主な特徴（詳細は本文も参照）

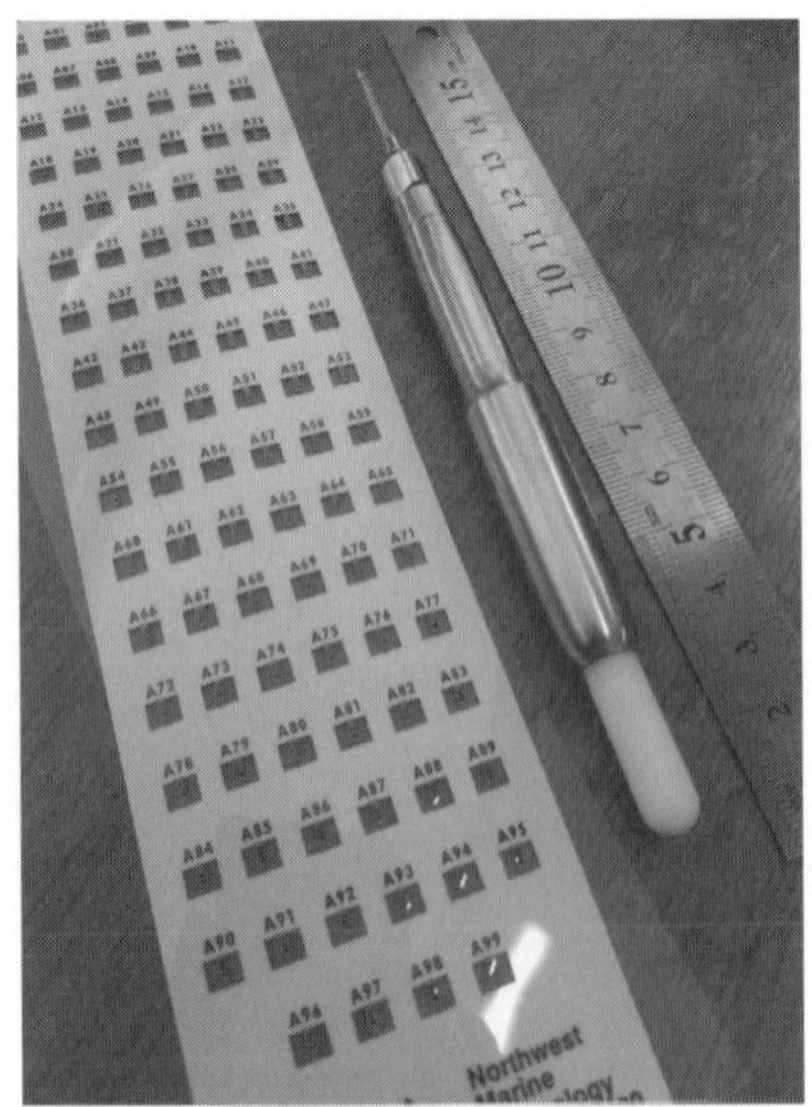

皮下挿入型のタグの一種。中央の数字が刻印されたラベルを右側の専用の機械で魚の皮下に挿入する

音波タグ受信機

タグ受信しているようす

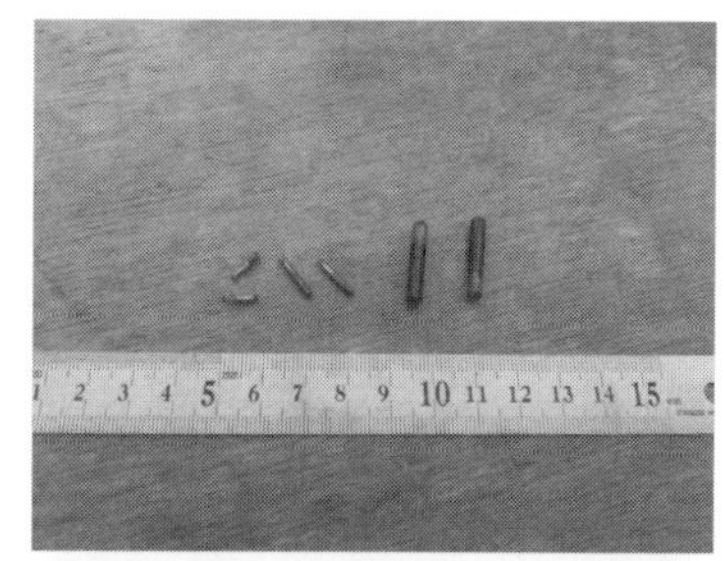

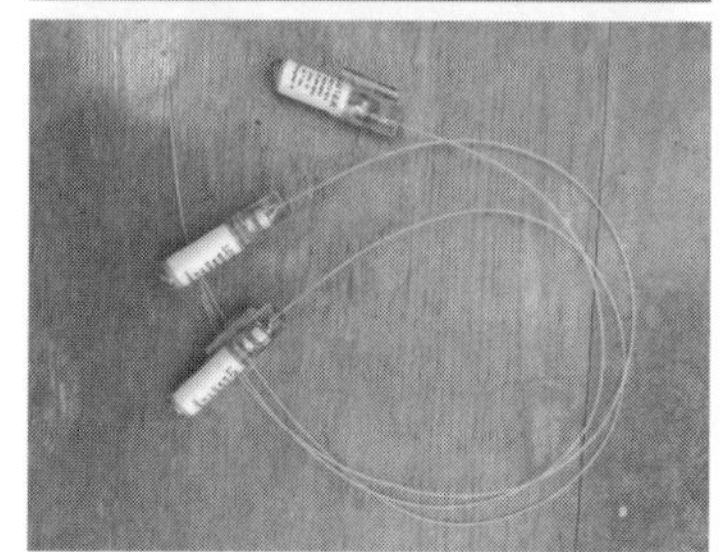

魚類に装着する PIT（上）タグと電波タグ（下）

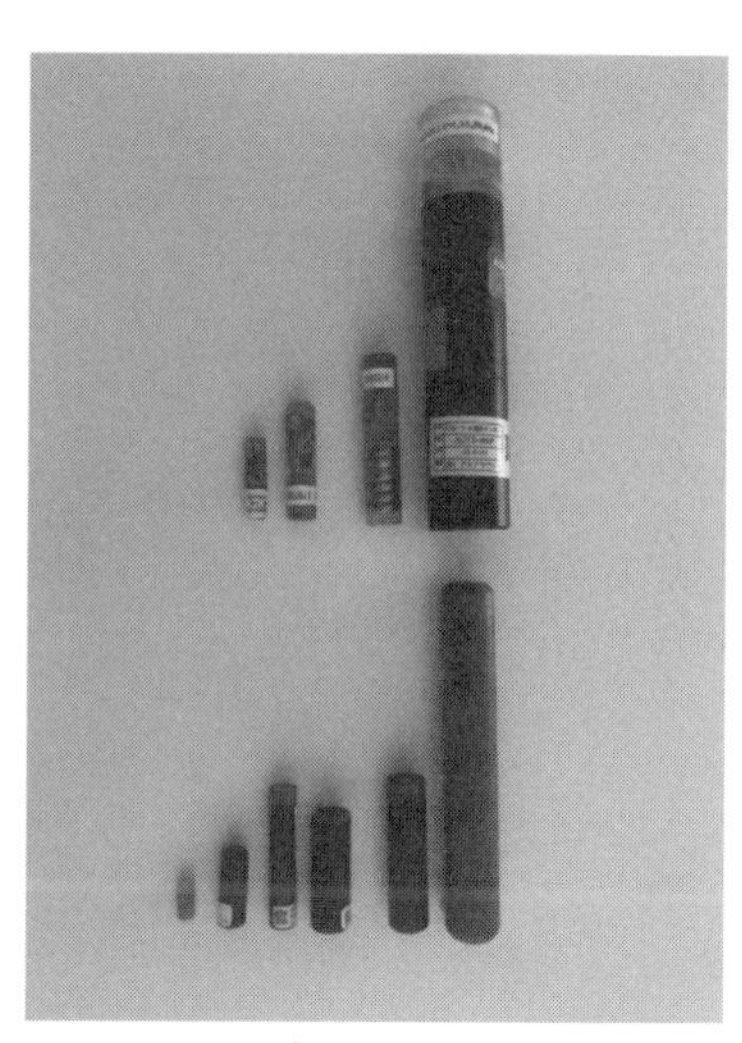

音波発信機各種（京都大学三田村研究室撮影）

トによる挿入等）の習得が必要である。

体外由来の、遠隔受信が可能なactiveな標識としては、ＰＩＴ（passive integrated transponder）タグ[4]、音波タグ、および電波タグが知られている。また後述する衛星通信型の記録型（アーカイバル）タグもこれに含めておく。

ＰＩＴタグは、識別番号（ＩＤ）が入ったマイクロコイルをガラスコーティングしたもので、受信機側から発する電磁波でタグを共鳴させ、標識番号を読み取る仕組みとなっている。つまり、ＰＩＴタグは自体が信号を発することはなく、この点では本来はactiveなタグとはいえないが、上記したように遠隔的に標識情報を受信可能という定義でここに含めておく。ＰＩＴタグは、音波・電波タグに比べると受信距離が短い点がデメリットであるが、外部から電磁波で与えられたエネルギーで発信するために電池が不要であり、半永久的な利用と小型化が可能となり、長期のモニタリングに適する[4]。

音波タグは、内蔵された音波発信装置がタグ固有のパターーンで音波を発し、それを受信機が受信することで数十〜数百メートルの距離から標識個体の位置を推定できる。また複数の音波信号を組み合わせることで個体ごとのＩＤを識別できるのはもちろんのこと、中にはタグ内臓のセンサーで測定した水温や水深（水圧から換算）を伝える機種もある[5]。

またこれらのタグは形状的に筒状の物が多いため、体外だけでなく、腹腔内などの体内に外科的に挿入することも可能である。腹腔内にタグを装着（挿入）する場合はメスで腹側の一部を切開してタグを挿入した後、医療用の縫合糸で傷口を縫合する。

最後に、電波タグは、タグに内蔵された電波発信装置がタグ固有のパターンで電波を発し、これをアンテナと受信機からなる受信装置で受信することで、やはり数十～数百メートルの距離から標識個体ごとのＩＤと位置を推定できる。次述するように、電波タグは陸上からでも検出できるといった簡便性を備えているのがメリットである。なお、日本で電波タグを用いる際には電波法の申請を行なう必要がある。また電波タグからは通常、数十センチのワイヤーが出るため、魚の体外・体内、どちらに装着した場合にも数十センチのワイヤーが魚体から垂れ下がることになる。

2　タグの追跡手段

上記した各種のタグを装着した魚のうち、passive なタグを装着した魚を追跡する場合には原則、実験魚を再捕獲して標識を目視する必要がある[1-3)]。そのため、この方法によって魚の移動を追跡するためには想定される移動先や移動ルート上で再捕獲作業を行なう必要がある。多くの場合は漁業・遊漁者等との協力によって再捕獲が行なわれる。

一方、active なタグの売りは、標識魚を再捕獲しなくても実験魚からの情報を遠隔的に得ることができる点である[4-5)]。ただし、ＰＩＴタグは受信距離が１m程度と短いため、基本的には魚が必ず通過すると想定される場所に受信アンテナを置くことが必要であり、若干のコツがいる。多くの場合は河川内の定点を通過（降河・遡上）するサケ科魚類やウナギのモニターなどに多用されている[4)]。

一方、音波・電波タグは受信距離が比較的長いため、数十メートル離れた場所から受信装置で探索ができ、リアルタイムに魚の位置を推定（追跡）できる。ただ、両者にはいくつかの異なる点がある。たとえば、音波タグからの音波は水中では探知できるが空中には届かないため、川や湖では受信装置または装置の受信部位（プローブ）を水中に浸けたまま、船などで追跡することになる。そのため、川で実験を行なう際には船などを用意するか、筒状のポータブルの受信機を複数台、流域の定点に配置する方法がとられる。後者は、無人で定点観測ができるという点ではメリットにもなるが、音波タグを装着した標識魚が受信機と受信機の間にいる場合などではピンポイントの位置を特定できないといったデメリットにつながる。

一方、電波タグからの電波はある程度は水中から空中（陸上）にも伝わるため、基本的には川岸や船上などの陸上からでも八木アンテナで追跡できる。そのため、特に川では電波タグの岸からのリアルタイム追跡が可能となり、ピンポイントの位置推定もしやすい。なお、原理的に電波タグは海での追跡にも用いることができるが、海水中では電波の減衰が大きく、魚が深く潜ると追跡が難しいため、基本的にはあまり用いられていない。このように、各タグには異なる特性があり。不明な点があれば著者に問い合わせていただきたい。これらを適切に選択することで最も効果的な追跡法を構築することが期待できる。

なお、衛星通信型のアーカイバルタグは現在、主に海での動物の追跡に用いられているが、基本的には装置一式が大型であり、かつ次述する理由で体外装着が必要なため、最近

従来の電波タグの追跡のようす。実験者は八木アンテナと受信部本体を携帯して受信範囲内の川岸を歩く必要がある

ではサケ科魚類での使用報告は少ない。このタグでは基本的にタグ内のセンサーで実験魚が経験した水温や水深、加速度などの情報をメモリーしておき、一定期間がたつと魚体からタグを切り離してバルーン（浮き）で海面に浮上させ、位置情報などが衛星を介して送信される仕組みとなっている。今後のさらなる小型化とサケ科魚類への応用が期待される。

3　電波タグのドローンによる追跡

以上のように、魚類の移動を追跡するタグの中で遠隔的な受信が可能であり、かつ陸上からリアルタイムの追跡が可能なのは、電波タグということになる。著者らもこれまで、宮城県広瀬川などでサクラマスの遡上・降河回遊行動の追跡を行なってきた。一方で、電波タグによる追跡ではいくつかの課題もある。最大のネックは、電波タグはリアルタイムで追跡が可能な反面、実験者が八

電波受信装置を搭載したドローン。下についているのは電波を拾うためのモクソンアンテナ

木アンテナと受信部本体を携帯して受信範囲内の川岸を歩く必要があり、移動が長距離に及ぶだけでなく、崖や淵などで移動が遮られることもある。そのため著者は徒歩に加えて上流から下流へとカヌーを下らせながらモニターをすることも試みたが、広瀬川などではカヌーが航行可能な時期が水位などによって制約されるので、実験の回数を確保することが難しいことが課題となった。

4 電波受信ドローンの開発

そこで著者らは、電波タグを航空ドローンによって空から追跡する方法を案出した。これにより、人が河原を歩くことなく電波タグ装着魚の位置をより簡便、かつ迅速に推定することが可能になった。

今回、電波タグからの電波を受信するドローンは、以下のコンセプトで設計・制作しているので簡単に紹介する。

受信装置

実験魚の位置を推定するため、ドローンには指向性のあるモクソンアンテナを装着した（写真参照）[6)]。受信電波はフィルターとアンプを介してノイズカットと増幅を行なった。また受信電波の有無、強度、受信位置、識別コード（ＩＤ）は搭載した小型コンピューター（ラズベリーパイ）で解析し、ＧＰＳ情報とともにＳＤカードに記録し、フライト後にデータを取得してタグの受信位置を推定した。

リアルタイム受信検出装置

上記の受信電波の有無・強度・位置を操縦者（実験者）もリアルタイムで知ることができるようにするため、これらの状況をシグナルで表示するＬＥＤランプも搭載した[6)]。このＬＥＤランプのシグナルをドローンに搭載されているカメラを介して操縦装置のモニターで見ることでタグの検出状況をリアルタイムで把握した。

フライトプログラム

主な調査エリアとなる川や湖では両岸から張り出す樹木や橋、電線などの構造物があることが多い。また、川では勾配も加わる。さらに、川や湖では水面に風が吹くとドローンの飛行経路が撹乱されてしまう。そこで本調査ではあらかじめドローンの航路（水平・垂直方向の移動経路）をプログラミングし、自動航行で探知を行なっている。

ドローンの性能試験

開発したドローンの受信テストを、水面が広いダム湖や勾配のある川などの各条件下で行なった。電波発信機はロテック社（カナダ）の電波タグ（MCFT-3等）を用いた。

まず、電波タグがどの水深まで受信可能かを異なる飛行高度から調べた。結果は電波タグの機種（発信強度）によって異なったが、ドローンの飛行高度が約10mであれば水深約8mまで、飛行高度が約30mであれば水深約5mまで安定して受信できることが示された[6)]。そこで、以上の性能を踏まえて実際の魚による試験を行なった。

5　ドローンによる電波タグ装着魚の追跡の実際

湖におけるコクチバスの追跡

まず、受信テストとしてコクチバス（*Micropterus dolomieu*）をモデル動物とした追跡実験を宮城県七ヶ宿ダムで行なった[7)]。サケ科魚類の代わりにコクチバスを用いたのは、湖内での移動範囲が比較的少ないと考えたことによる。なお、同湖ではコクチバスの捕獲後のリリースが禁止されているため、県から再放流禁止除外の許可を得て実験を行なった。

２０１９年7月、釣獲した2尾のコクチバスを麻酔し、メスで腹部の一部を切開して電波タグ（MCFT-3）を挿入後、縫合糸で縫合して採集地点に放流した。約2時間後、ドロー

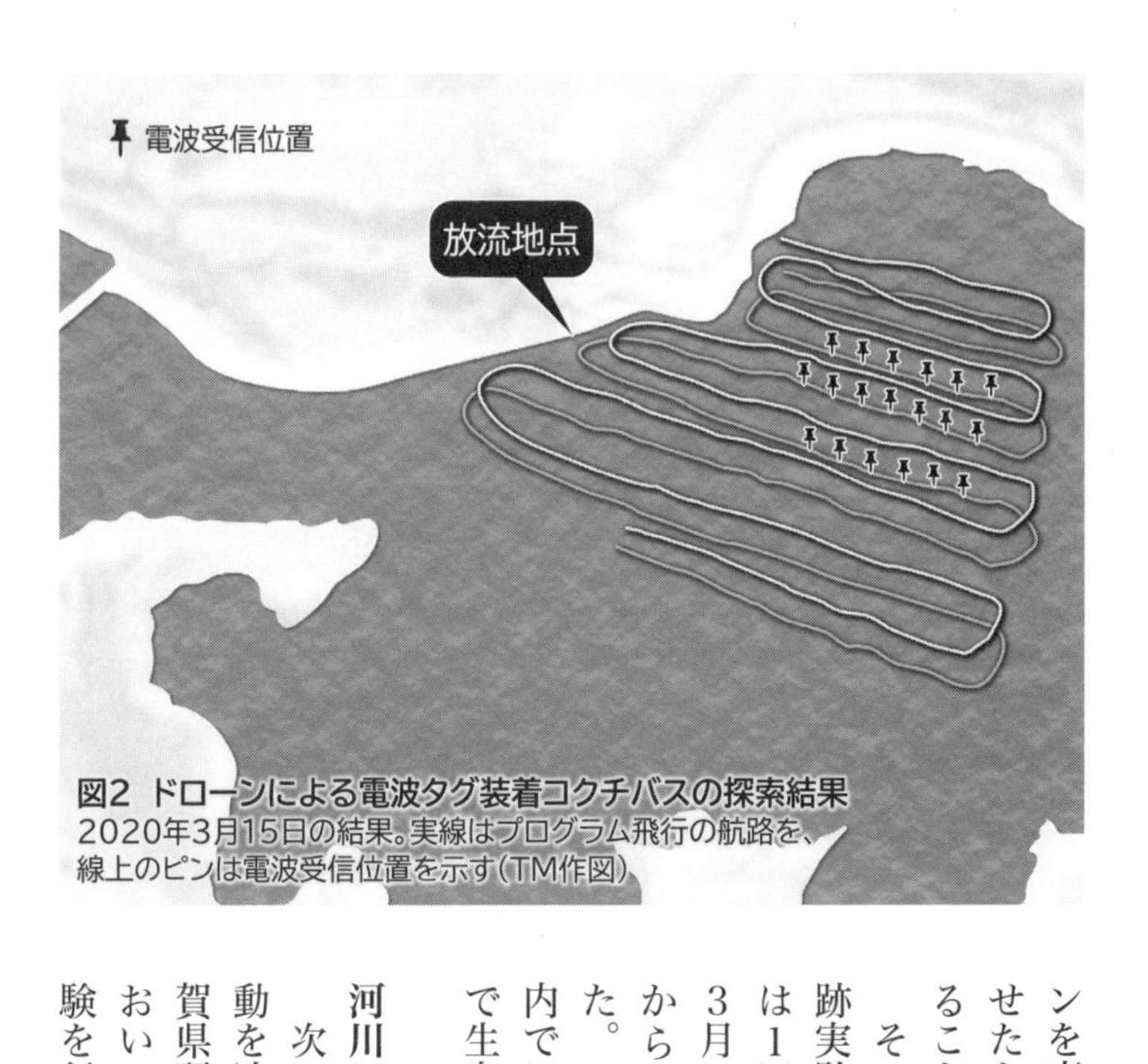

図2 ドローンによる電波タグ装着コクチバスの探索結果
2020年3月15日の結果。実線はプログラム飛行の航路を、線上のピンは電波受信位置を示す（TM作図）

ンを高度10～20mでプログラム飛行させたところ、両者の位置を概ね推定することに成功した（図2）[7]。

その後、10、12、3月にそれぞれ追跡実験を行なったところ、10、12月には1尾のみしか発見できなかったが、3月にはふたたび2尾ともに放流地点から近い場所で探知することができた。このことから、コクチバスは同湖内では周年にわたってかなり狭い範囲で生息していることが示された。

河川におけるビワマスの追跡

次に、川においてサクラマス群の行動を追跡できるかを検討するため、滋賀県琵琶湖の流入河川である安曇川においてビワマス親魚5尾の行動追跡実験を行なった。

2019年11月上旬に安曇川河口部に設置された産卵親魚用の遡上トラップ（簗）で捕獲されたビワマス親魚5尾を滋賀県からの特別採捕許可のもと、北船木漁業協同組合より譲り受け、実験に用いた。これらは麻酔し、腹腔内に電波タグ（MCFT-3）を挿入した後に簗の上流側に放流した。その約2時間後にドローンを高度10～20ｍでプログラム飛行させたところ、数日間にわたって複数の個体を追跡できた。

一連の調査の結果、安曇川ではこれまで河口から7㎞ほど上流にある大型堰堤の下流にまとまった数の産卵場が形成されることが知られていたが、電波タグを装着した親魚の一部は既知のエリアよりも下流で産卵する可能性も示された。また一部の実験魚では産卵エリアまで数日間をかけて遡上することや、日中は河岸付近の樹木の下のシェードなどで滞泳し、夜間に移動を再開していることなどが示された。

6　まとめと今後の展望

このように、コクチバスやビワマスなどに装着した電波タグをモクソンアンテナと受信機を搭載した航空ドローンから追跡できることが確認された[6,7]。この技術を用いることでより簡便、かつ従来以上に高い精度（高頻度）で実験魚の位置や移動の様子をモニターすることが可能となった。また将来的にはこれらの技術を他の河川性魚類だけでなく、哺乳類やカワウなどの鳥類の追跡にも応用することができ、流域の保全や資源管理に適応できるものと考えられる。

なお、本研究の一部は一般財団法人水源地環境センターの助成を受け、株式会社田中三次郎商店、有限会社鈴木技研との共同研究として開発されたものである。

引用文献

1 Machidori S., and Kato F.: Spawning populations and marine life of masu salmon *Oncorhynchus masou*. Int. North Pacific Fisheries Commission, 43: 1-138,1984.

2 宮腰靖之，安藤大成，藤原 真，隼野寛史，永田光博：網走川におけるサケ稚魚の降河移動．北水試研報，82: 19-26，2012.

3 浦和茂彦：日本系サケの海洋における分布と回遊．水研センター研報，39: 9–19, 2015.

4 Prentice E.F., Flagg T.A., McCutcheon C.S., Brastow D.S.: PIT -Tag Monitoring Systems for Hydroelectric Dams and Fish Hatcheries. American Fisheries Society Symposium, 7:323-334, 1990.

5 棟方有宗：サクラマス その生涯と生活史戦略（8）．海洋と生物，238: 477-480, 2018.

6 棟方有宗，鈴木雅也，田中智一郎：ドローンによる電波発信機装着魚探索手法の開発．平成31年度日本水産学会春季大会講演要旨集，52, 2019.

7 棟方有宗，鈴木雅也，田中智一郎：ドローンによる電波発信機装着魚の探索．令和2年度日本水産学会春季大会講演要旨集，1, 2020.

ミニコラム 3

電波タグ探知ドローン開発前夜

本チャプターで紹介した電波タグ探知ドローンは、福岡にある田中三次郎商店と鈴木技研という2社のエンジニアとともに開発されたものである。最初、私が電波タグ（発信機）を研究に用いたのは、広瀬川のサクラマスの各サブタイプ（秋スモルト、河川内回遊型）の降河や遡上回遊の様子をモニターするためだったが、広瀬川の上～中流域は両岸が切り立った河岸段丘で形成され、下流域は川沿いの道路が断片的にしか整備されていないため、移動し始めたサクラマスの追跡は困難を極めた。そこで次に考えたのが、広瀬川を上流からカヌーで下りながら、電波タグを追跡することだった。これは、実際にオレゴンでも見てきていたし、私自身、大学院の時の現実逃避のカヌー歴があり、さらにはエンジニアの1人（田中社長）が大学のカヌー部出身だったことも後押しとなった。しかし、実際にはこれもかなりの困難が伴い、追跡時間の多くはカヌーに入った水をかきだす作業にとられた。

そういう経緯もあって、開発されたのが、ちょうどその頃から活躍しだしたドローンにタグ受信器を搭載した、電波受信ドローンだった。川岸やカヌーからの追跡をさんざん経験してきた我々にとって、琵琶湖での初調査の日は今も忘れられない一日となっている。

Chapter 18

切り欠き魚道の可能性

A new fish ladder — Cut out fishway —

サクラマスなどのサケ科魚類が河川内で遡上・降河回遊行動を行なう際の阻害要因の1つに、魚道機能を持たないダムや堰堤などの河川横断工作物がある。サケ科魚類の資源増殖のため、本チャプターでは既存の堰堤に簡便に施工でき、かつ実効性も高い切り欠き魚道について紹介する。

1 回遊のネックとなる河川横断工作物

国内の多くの川には、ダムや堰堤などの河川横断工作物が、取水や砂防、河川勾配の緩和、橋脚保護のための洗掘(せんくつ)防止（床固め）などの目的で設置されている（なお、本稿では堤体の高さが15m以上のものをダム、15m未満のものを堰堤とする河川法第四十四条の定義に従う）。これらのうち、魚道（fish ladder）が設置されていないダムや堰堤は、堤体の高さや構造にもよるが、サケ科魚類の遡上、降河行動を阻害する要因となり得る。

2　魚道の種類と機能

サケ科魚類などの遡上・降河行動が阻害されないようにするため、近年では多くの堰堤や一部のダムには提体設置時、あるいは設置からしばらく経過してから魚道が付設されている。以下、遡上用、降河用に分けて代表的な魚道を概観する。

遡上行動促進のための魚道

魚類の遡上行動促進のための魚道とは、提体によって生じた垂直な壁や滝のような落差を緩和してサケ科魚類などの川の生物の遡上を促すものである。多くは提体の一部分から下流方向へと傾斜のゆるい水路（魚道）が派出される形状となっている。また、魚道内ではなるべく勾配を緩和するため、多くの場合は内部が数段のプールからなっており、その形状によって階段式、アイスハーバー式、バーチカルスロット式などに分類されている[1)]。

上述したように、従来の魚道の多くは提体下流側に煙突のように突き出す構造が多いため、その先端（水生生物にとっての入り口）は生物を誘導しやすい形状や配置となるように工夫されている。たとえば下流方向に突出した魚道を途中で１８０度折り返して入り口が提体のそばに来るようにし、提体に行く手を阻まれて横方向に移動する遡上魚を誘導するタイプ、魚道本体を提体内に組み込んで提体下流側の突出部を極力なくすタイプ、あるいは魚道の入り口が魚類の遡上ルートに合わせて岸寄りや流心の澪（みお）筋に設置されるタイプなどがある[1]。

ただし、たとえこうした工夫を施しても魚道の断面積は提体のごく一部分に過ぎないことから、多くの水生生物にとってはその入り口を探すことは容易ではない。そのため、可能であれば提体の全断面が魚道となる全断面斜路式魚道にして効率よく遡上行動を促すことが望まれる。ただし、ダムなどの堤体が大きい箇所では全断面式の設置は困難である。

降河行動促進のための魚道

一方、ダムや堰堤の下流側へと降河しようとする水生生物にとっては、仮に魚道があったとしても、魚道以外への迷入が起こってしまうことや、提体で生じた湛水区間によって降河行動が物理的、あるいは生理的に抑制されてしまうことなどが問題となる[2]。たとえば迷入に関しては、発電所や上水道、用水路等への取水路への迷入はいずれも死滅回遊、あるいは提体下流に降河するはずであった資源の減少につながるため、これを避けつつ提体の下流側へと誘導するための魚道が必要となる。しかし、実際にはこのような配慮がなされた魚道は現時点ではほとんど開発されていない。

また、ダムや堰堤によって作られた広大な湛水区間ではサクラマスなどの降河回遊魚が銀化魚となり、以降の降河回遊を行なわなくなるといった行動・生理学的な問題が生じ[2]、やはりそのぶんだけ提体下流域の資源量の減少につながる。こうした課題の解決のため、北海道後志利別川水系の美利河ダムなどでは降河するサクラマスが湛水域に入らないようにするため、ダムの流入河川とダム下流の本川を接続する全長2・4㎞に及ぶ魚道（バイパス誘導路）が設置されている[3)]。

3　魚道を設置する際の課題

すでに設置されているダムや堰堤に新たに魚道を設置するうえでは、いくつかの課題がある。特に大きな点が、提体の強度の確保や利水、治水機能などの保持、そしてなによりも魚道設置のための予算の捻出であろう。堰堤やダムの多くは国や地方自治体が所管しており、基本的にはこれらの組織が中心となって維持や改修の予算を措置することになる。しかし、昨今は多くの組織が財政縮減の方向にあり、提体に新たな魚道を設置するための予算措置が困難な状況にある。したがって今後は、民間企業等からの助成金、クラウドファンディングなどの個人ベースの寄付金、あるいは有志団体による魚道（工事）の寄贈といった、多様な形態による取り組みを想定していくことが望まれる。

4　仙台市広瀬川の魚道設置事例

次に、こうした背景を踏まえて試験的に魚道を設置した、仙台市広瀬川、ならびに七北田川支流梅田川の魚道設置の事例を紹介する。

魚道の設置場所

宮城県を流れる広瀬川（流路延長約45㎞）の支流の1つである竜の口沢は、中流域の右岸に流入しており、この付近の支流としては最も流路延長や流域面積が大きい。この支流が流れ込む本流との合流地点付近は、サクラマスの河川内回遊型や降海回遊型が降河・遡上する経路上にあたり、春から夏にかけては多数の親魚が通過、または定位する[2)]。ところが、この区間では夏の最高水温がしばしば25℃近くまで上昇し、サクラマスの生息環境としては過酷な状態になる。その一方、竜の口沢などの支流では夏の間も水温が比較的低く、本流域に低水温の水を供給する役割を果たしている。しかし竜の口沢の河口域から約30ｍ上流には、平成3年に総高約2・5ｍに達する2段式の堰堤が設置されており[4)]、長らく魚類の遡上が妨げられてきた。夏期に堰堤の直下を調べると、サクラマスの稚魚が滞留していることがあり、堰堤に魚道機能を付加することで少なくとも越夏や本流の増水を回避するための遡上が促進される可能性が考えられた。なお、竜の口沢との合流点の上下数キロの広瀬川にはサクラマスなどが遡上可能な支流がほとんどなく、その点からも竜の口沢に魚道を設置することによる資源保全の効果が期待された。

竜の口沢の魚類相

魚道を設置するにあたり、竜の口沢の魚類相を調べた。これまでにも過去数回にわたって魚類相調査が行なわれており、その際にはアブラハヤ（*Rhynchocypris lagowskii steindachneri*）とホトケドジョウ（*Lefua echigonia*）が確認されている[5)]。また、著者らが魚道設置前の令和2年の秋に調査を行なったところ、これらに加えてドジョウ（*Misgurnus anguillicaudatus*）が分布することも確認された（棟方ら-未発表）。一方、竜の口沢よりも約8㎞上流の右岸に流れ込む、合流点付近に堰堤を持たない支流（綱木川）では、アブラハヤ、ウグイ（*Tribolodon hakonensis*）、オイカワ（*Opsariichthys platypus*）、ヨシノボリの一種、アユ（*Plecoglossus altivelis*）、サクラマスといった魚類の生息が確認されていることから（棟方-未発表）、やはり竜の口沢の魚類の生息が河口域の堰堤によって大きく制限されている可能性がここからも考えられた。

堰堤の概要

今回、魚道を付設した堰堤は、下流側から見て、直方体（下段）（幅10ｍ×奥行5ｍ×水面からの高さ約1・5ｍ）と、それよりは奥行（厚さ）が小さい板状（上段）（幅10ｍ×奥行1ｍ×下段の堤体の上面からの高さ約1ｍ）の2段の堤体からなる。そこで今回、それぞれの堤体に切り欠き、およびスリット魚道を設置することとした。この構造を採用した最大の理由は、工事予算を圧縮することである。

下段の堤体（279頁写真）において、下流から遡上してくるサクラマスなどの魚類にとっての最初の問題は、提体の上面と水面との間に約1・5ｍの落差があったことと、提体の上面がフラットなため、サクラマスなどが上流へと泳いでいくことが困難と考えられたことであった。そこで、下段の提体にはカッターやコンクリートハンマーで溝（以後、切り欠き）を刻むことで水面との落差の縮小と水路の確保をはかった。また切り欠きの下流端には20㎝のアールをつけることで魚の遡上を促した。なお、本堰堤の詳細については成書『サクラマス・ヤマメ　生態と釣り』（著者）も参照いただきたい。

切り欠き魚道に遡上した魚類の以降の遊泳を容易にするため、水路には2つの工夫も施した。1つは、切り欠き魚道内部に飛び石を配置し、魚類が強い水流を回避しながら遡上できるようにしたことである。もう1つは、切り欠き魚道の両側にくさび型の切れ込みを刻み、ヨシノボリやカジカ（*Cottus pollux*）といった底性魚類がより少ないエネルギーで遡上行できるようにした[4)]。なお今回、このように切り欠きを刻む際には提体上面の強度不足を招かない範囲で工事を行なうことが必要である。今回はあらかじめ図面上でこの部分のコンクリートの厚さが50㎝以上あることを確認していたため、その約半分の20㎝までを切り欠くことで強度を保った[4)]。

ただし、こうして切り欠きをつけても、そのままではなお魚道の下端と水面との間に1m以上の落差が残った。そのため今回はオプションとして堰堤の約10m下流に石を金網で覆ったフトン籠（2×1×0.5m）を重ね合わせて敷くことで切り欠き魚道と水面との落差を平水事で約20～40㎝程度になるように工夫した。

一方、上段の提体には、同じくカッター、コンクリートハンマーを用いて中央部にスリット式魚道を開削した。

提体の下部までスリットを切り開くことは、一見すると既存の堰堤の強度を弱めるようにも思える。しかし、実際にはこの工法はむしろ提体の強度の維持や寿命を延ばす効果があり、機能面でもアドバンテージが期待されるものである[4)]。たとえば上段の提体には本来、上流から流れてくる土砂や礫が急激に流下することを防ぐ砂防の機能が与えられている。しかし、こうした堰堤は、基本的には提体の自重や提体と両岸の壁面間の擦り付け抵抗で構造を維持しているため、もし上流に大量の土砂が溜まってしまうと、流下圧によって提体の強度が低下する恐れがある[4)]。また、こうして提体の上部に土砂が堆積してしまうと、次に流下が起こった際に提体がそれ以上土砂をため込むことができず、下流側に土砂が流下（オーバーフロー）することになる。つまり、この種の堰堤においてはスリット化によって一定のペースで土砂を下流に流すことで強度や堰堤本来の機能が維持され、長寿命化を図ることができるのである[4)]。

なお、これまで安価な魚道としてはコルゲート管や単管パイプといった部材を活用した、いわゆる簡易式魚道が普及しているが、これらの魚道は最も低い予算で設置できるといった利点がある反面、強度や耐久性に課題があり、現時点では応急的な魚道としての役割が主と考えらえる。これらを踏まえると、今回紹介した切り欠き魚道は、従来の階段式や簡易式魚道に加わる新たな選択肢になると考えられる。

竜の口沢に設置されていた２段堰堤。
これから切り欠きを入れていく

スリット式魚道の造成中

切り欠き・スリット式魚道の下流に設置したフトン籠の様子。両脇に土砂止め用、中央に傾斜用のフトン籠を設置したことで切り欠き魚道下流の水位と魚道にいたる傾斜路を確保した

切り欠き魚道のメリット
・工事費用が従来の階段式魚道よりも安価
・小規模堰堤であれば、フトン籠と併せて落差を解消可能
・切り欠きの構造によって底生魚類の遡上も促進可能
・スリット式魚道であれば提体の強度と機能の維持にも貢献可能
・下流への礫の供給が促される

5　切り欠き魚道の効果と今後の展望

本魚道は、2019年11月に設置した。その後、概ね月に1回のペースで堰堤上流の魚類相調査を行なっており、2020年5月にはそれまでの3種類に加えてヨシノボリの一種が確認され、現時点では底生魚類が新た切り欠き魚道を利用するようになったことが示唆されている。

そこで著者らは、2021年に、広瀬川に隣接する七北田川水系梅田川にも新たな切り欠き魚道を設置し、竜の口沢の切り欠き魚道と共に遡上効果などを検証しているところである。今後は、切り欠き魚道の普及を目差して引き続きモニタリングを続ける計画である。なお、本魚道を設置するにあたっては仙台市建設局河川課の協力、ならびに共同研究者である土木研究所自然共生研究センター林田寿文博士のご指導・ご助言をいただいている。

仙台市梅田川に工事中の新たな切り欠き魚道

工事完了間際の切り欠き魚道のようす

引用文献

1 中村俊六：魚道のはなし，山海堂，東京，1997, 225 pp.
2 棟方有宗：サクラマス その生涯と生活史戦略（3）．海洋と生物，233: 617-620, 2017.
3 林田寿文，新居久也，渡邉和好，宮﨑俊行，上田宏：サクラマススモルトの降下時における美利河ダム分水施設の評価．土木学会論文集Ｂ１（水工学），71(4): 943-948, 2015.
4 林田寿文，大宮裕樹，棟方有宗，中村圭吾：既設河川横断工作物を改良した切り欠き魚道設置の検討と実践．河川技術論文集，第26巻，313-318, 2020.
5 棟方有宗，白鳥幸徳：青葉山の広瀬川における魚類相．宮城教育大学環境教育研究紀要，8:153-161, 2005.

Chapter 19

サクラマス研究のアウトリーチ（学校・市民に対する教育プログラム）

Outreach Programs for School Children

本チャプターでは著者らが研究活動のアウトリーチとして実施しているサクラマスを題材とした、主に小学生を対象とした教育実践事例を紹介する。

1　水産資源の教育的利用

魚類などの水生生物やそれらを取り巻く環境は、多くの教育現場でも教材として用いられている。たとえば代表的な場には、小・中・高校などの学校や水族館、科学館、博物館などが知られている。また後述するように、近年では大学や試験・研究所といった研究・教育機関においても水産資源によるアウトリーチ教育プログラムが盛んに行なわれている。

そこでまず、水生生物の教材がどのような場所でどのような教育に用いられているのかについて眺めてみる。一般に、小・中・高校などの教育現場の場合、水産生物の教材は学校の正課の授業（教科教育）の教材として取り扱われているのが大きな特徴である。すなわち、これらの学校では学校教育法に則り、国(文部科学省)が告示する学習指導要領にそって教科書会社によって編纂される教科書に教材として取り上げられている。学校で取り上げられる教材は、学習指導要領が改訂されるまでの間、全国規模で利用されるので、その内容は多くの国民の教育に資することになる。

たとえば、小学校5年生の理科の教科書（東京書籍）[1]では、〝生命〟の単元でサケ（シロサケ）やメダカの産卵行動や受精卵の形態、発生の過程がのべ10ページにわたって取り上げられている。また高校生物の教科書（東京書籍）[2]では、〝遺伝情報〟の単元の〝バイオテクノロジーの進展と課題〟の項目で、サケ科魚類の遺伝子組み換えについて〝生態と環境〟の単元の〝生物多様性の現状〟の項目で、絶滅が危ぶまれる生物としてクニマスやニホンウナギが、また同じ単元の〝個体間の相互作用〟の項目ではアユのなわばり行動に関する生態学的研究成果が紹介されている。またそのほかにも、原文のまま拾うと、アオザメ、イガイ、ウニ、オオクチバス、カキ、グッピー、クロマグロ、ケンサキイカ、コイ、コンブ、サンゴ、ザトウクジラ、シーラカンス、シャチ、ヒザラガイ、フジツボ、ホヤ、マッコウ・ミンククジラ、メジロザメ、ヤツメウナギ、ヨシノボリ、ヨツメウオ、などの多く水生生物が取り上げられており、水生生物は学校教育の教材としての重要性や認知度がかなり高いことがわかる。

一方、小・中・高校以外の研究・教育機関である大学や水族館、科学館、博物館などでは原則、文部科学省の学習指導要領に縛られない、各組織・機関のオーダーメードの教育を実践しうることが大きな特徴である。たとえば、研究と人材育成の両方の機能を持つ大学では、水産、理学、医学、工学、教育学といった学部や学科（教育領域）単位でさまざまな観点や教材に基づく独自性の高い教育が展開されている。大学の生協やアマゾンのサイトなどをみると、一般の書店では入手できないマニアックなサケ科魚類の書籍などが見つかるので、ぜひ一度、のぞいていただきたい。また水族館は、生体を含む水生生物の教材を多数保有しており、幅広い対象に対して教育を行なっている。

また近年、一部の大学や研究機関などでは業務の取り組みとして行なっている研究・教育の成果を市民、とくに子供たちなどに還元する、いわゆるアウトリーチ教育プログラムが盛んに行なわれるようになってきている。各機関のウェブサイトで情報が得られるので、探してみてはいかがだろうか。

2　アウトリーチ教育プログラムの意義

大学や研究所などの研究・教育機関によって、しばしばアウトリーチ教育プログラムが行なわれるようになった背景や意義を考察してみたい。

まず、プログラムを実践する研究・教育機関（主催者）の側に立つと、アウトリーチ教育プログラムはそれまで少なかった地域との接点をつくり、地域連携の基盤（プラットフォーム）を構築できることが期待される。通常は大学生教育や研究活動に特化しているこれらの研究・教育機関が幅広く市民にアウトリーチ教育を行なうことで、大学の教員や研究者が自身の研究分野の教材としての有用性に気づき、さらには社会や世間からの研究ニーズをリサーチし、以降の研究の取り組みにフィードバックさせることも期待できる。

一方で、アウトリーチ教育プログラムを受ける市民（受講者）の側にとってのメリットとしては、普段は論文やニュースなどを通じてしかうかがい知ることができなかった最新の研究内容を、分かりやすく紹介してもらう機会が提供されることになる（表1）。これにより、地域の市民は自分の生活圏にあらたな教育機関を発見することとなり、地域の文化的なよりどころが増えることにもなる。また、地域の小・中・高校生にとっては普段はそれぞれの学校で、教科書の内容として触れている教材に直に接することができるといった、良質な教育機会が提供されうる。

アウトリーチ教育プログラムのメリット
● 主催者側のメリット
地域との新たな連携の基盤が生まれる
市民への成果還元と支持の獲得
研究・教育内容の向上
将来の水産研究・教育の担い手の獲得
● 受講者側のメリット
新たな地域の教育的拠点の獲得
教科教育以外の教育機会の獲得
最新の研究知見の習得

表1　アウトリーチ教育プログラムの意義。教育プログラムを受講する側だけでなく、主催者側も多くのメリットを得られる

3　アングラーによるアウトリーチ教育プログラムの実践方法

では、我々釣り人がこうしたアウトリーチ教育プログラムを実施しようとした場合には、どのような手順を踏めばよいだろうか。

まずその際、関心事の1つとなるのが、プログラム実施の経費がどれくらい必要か、といった点ではないだろうか。大学教員や試験・研究機関の研究者であれば、日本学術振興会の科学研究費補助金や同会が主催する「ひらめき☆ときめきサイエンス事業」とよばれる助成金[3)]を用いることができ、著者も過去に活用してきた。一方、アングラーが教育プログラムを行なう際に、実施経費を得るためには、同様に自治体や民間の助成団体の教育活動助成金を利用することが可能と考えられる。とくに、地方自治体（市町村）では地域の有志（任意団体やNPO）のアウトリーチプログラムに対して助成を行なっているところもあるので、自治体の制度を確認していただきたい。

また、そのほかにも近年では民間企業がCRS（corporate social responsibility）の一環として、市民を対象とした教育プログラムを推進していることがあり、これらの企業と連携をとることでもプログラム開催の機会が得られる。さらに近年では、釣り人のグループによるクラウドファンディングも有益な手段となりつつある。もちろん、プログラムの規模が大きくなければ特段経費がなくてもアウトリーチプログラムの実施は可能と考えられる。

4　サクラマス等を教材としたアウトリーチ教育プログラムの実践事例

ここで、参考として著者がこれまで主に小学生を対象として実践してきたアウトリーチ教育プログラムの事例をいくつか紹介する。たとえば上記したひらめき☆ときめきサイイエンス事業を活用したプログラムとしては、これまで以下のような内容（タイトル）の取り組みを行なってきたので、参考にしていただければと思う。

①サケが川から海に下り、また自分が生まれた川に戻ってくるのはなぜだろう？
②サケが海へ旅立つまでのお話　～見て・触って・考えるサケの学習館
③魚類の生活を観察して川の環境を考えてみよう
④川に暮らす魚を観察しよう　～下流の魚と上流の魚
⑤川の魚の生活をのぞいてみよう
⑥渓流の水生昆虫／渓流の魚
⑦川に行き、魚をとらえて魚たちの進化を考えよう　下流編／上流編
⑧サケ科魚類の回遊の謎を解こう
⑨サケマス類の謎に迫る　体のつくりと行動を観察しよう

これらのうち、①～④では、飼育されたサクラマスを用い、大学の実験室や宮城県内水面水産試験場の屋内での座学や実験を行なった。また④ではサクラマスなどサケ科魚類が他の魚類とどのように異なるのかを理解するため、外部形態や内部形態を比較する実験を行なった。まず、サケとフナの外部形態を単純化して比較するため、前面を白い紙で覆ったアクリル水槽にヤマメとフナを泳がせ、その背後からライトで照らすことでシルエット

を映し、体高やヒレの位置、数、動きなどを客観的に比較した。また、サクラマスのパー（河川残留型）とスモルト（降河回遊型）の体色のカムフラージュ効果を確かめるため、各々の体表の模様を模したプレートを砂利と水面の上で並べ、視覚的に比較を行なった。内部形態に関しては、サクラマス（肉食性）とフナ（雑食）の解剖を行ない、肉食のサクラマスの消化管の長さがフナよりも短いことなどを観察している。

⑤～⑨では宮城県内水面水産試験場や増養殖研究所日光庁舎(当時)といった外部の研究機関とも連携し、庁舎内の研究・飼育施設の見学や発眼卵の観察などの体験学習を行なった。

⑤～⑨のいくつかの回では子供たち

2015年のプログラムから

増養殖研究所・日光庁舎内の水槽で泳ぐ魚を観察中

顕微鏡で水生昆虫を観察している

ニジマスにPITタグを装着し、リーダーで番号を読み取っているところ

2012年のプログラムから

広瀬川の上流に行き、自分たちで水生昆虫を模して作ったフライでニジマスを釣り、食性や捕食行動を観察した

「ガサガサ」で川の生物を採取

を連れて広瀬川の上流域を訪れ、最初にサクラマスが生息する上流域の河川形態を観察した。これとあわせてサクラマスのエサとなる水生昆虫類を採集、同定し、これらをモチーフとして疑似餌（フライ）を作成し、実際に広瀬川の上流でニジマスやイワナなどのサケ科魚類を釣ることで、サケ科魚の食性が肉食性であることを確かめた。また、この体験を通じて彼らがどのようにして擬餌針に食いつくのかといった、捕食行動のようすについても観察した。

5 サクラマスなどを教材としたアウトリーチ教育プログラム（自治体、企業との共同事業）

次に、仙台市などの自治体と共同で

実施した小学生向けのアウトリーチ教育プログラムについても紹介する。上述したひらめき☆ときめきサイエンス事業の取り組みは、学習指導要領から離れているとはいえ、基本的には学校の理科に通ずる授業展開としていた。一方、こちらの事例では環境の整備や生物保全といった、より実践的な教育の側面が強い授業を実施した。たとえば、前のチャプターでも述べた、竜の口沢に設置した切り欠き魚道に関わるアウトリーチ教育プログラム

仙台市内の小学校への出前授業の様子。郷里の広瀬川の竜の口沢で行なわれている切り欠き魚道整備等の生物増殖の取り組みを小学生に紹介している

仙台市広瀬川支流・滝の口沢で実施した、切り欠き魚道整備後の魚類遡上状況調査体験プログラムの様子

では、切り欠き魚道のメンテナンスや魚類の遡上状況調査といった、本来であれば著者などの研究者や自治体職員が行なう作業を地域の小学生やその親にも体験してもらいながら、地域資源の保全の取り組みについて学んでもらうことを目差した[4)]。今後も同様のアウトリーチ教育プログラムを実施する予定である。

なお著者らは、これらのフィールドワークに加え、近年では宮城県内の幼稚園、保育園、小中学校等に出前授業を行ない、切り欠き魚道設置の目的や期待される役割などを普及啓発するプログラムにも取り組んでいる。

引用文献

1 あたらしい理科5、東京書籍、東京、2020, 180 pp.
2 高校生物、東京書籍、東京、2019. 480 pp.
3 日本学術振興会　ひらめき☆ときめきサイエンス事業（https://www.jsps.go.jp/j-hirameki/boshu.html）
4 棟方有宗：サクラマス　その生涯と生活史戦略（18）．海洋と生物，248: 275-278, 2020.

Chapter 20

サクラマス研究のアウトリーチ（国際研究交流）

International Education Program between Norway/Taiwan and Japan

我が国の重要水産資源であるサクラマスなどのサケ科魚類を持続的に利用するためには、国内に生息する種の保全や増養殖手法を研究するだけでなく、国外に分布する近縁種の保全や増殖研究の動向を把握し、国内にフィードバックすることも重要である。また、我が国にとってはサケ科魚類の持続的な利活用に取り組む将来の担い手の養成も欠かせない。本チャプターでは著者らが取り組む国外との研究・教育プロジェクトの事例を紹介する。

1　ノルウェーとの共同研究

近年、ノルウェーはサケ科魚類の一大養殖国となっており、アトランティックサーモンやニジマスの海面養殖（総生産量約１３０万トン、うち約95％がアトランティックサーモン、残り約５％がニジマス[1]）が推し進められているのは、周知のとおりである。（ちなみに、日本国内のサケの養殖は約２万トン前後の規模とされている。近年になって徐々に生産量は増加しつつあるが、いかにノルウェーの規模が大きいかがうかがえる）。

また、ノルウェーの養殖サケの一部は日本を含む諸外国にブランドサーモンとして輸出されており、その輸出額は近年、水産物の総輸出額の半分以上を占めているようである。さらに、サケ科魚類の養殖量は今後も大幅に増産される計画だという。著者が聞いたところでは、現状よりさらに数十パーセントの増加を目差しているとのことであった。

ただし、増産のためにはいくつかの課題もあるとされる。たとえば、ノルウェーの海面養殖のほとんどは沿岸のフィヨルドの半閉塞性水域で行なわれているため、養殖施設から排出される残餌や排泄物などの有機汚濁の残留といった環境負荷が懸念されている。また、外洋に直接面していないフィヨルドの内部では潮流の影響が及びにくいこともあり、養殖施設周辺ではシーライス（*Lepeophtheirus salmonis*）などの寄生虫が多量に出現して養殖サケの生存や成長に負の影響を及ぼすことも憂慮されている。著者もノルウェーの海面養殖施設を数ヵ所視察したが、体表にシーライスが付着しているアトランティックサーモンが養殖生け簀内で高速で泳ぎ回り、時折、急激に連続ジャンプする様子が見られた。

また、アトランティックサーモンやニジマスなどのサケ科魚類は最初は淡水で育つため、海面の養殖施設に入れる前の段階で一定期間、陸上の淡水飼育水槽で育成しなければならないが、今後の増産に際してはこれに必要な施設（土地）や淡水の確保も課題となっている。

次に、日本のサケ養殖の現状についても見てみる。日本では最近、いわゆるご当地サーモンの養殖が各地で行なわれるようになってきたが（２０２４年時点では小規模なものも含めて１００以上の事業が行なわれていると考えられる）、国内ではいまだ大規模な海面養殖の取り組みは少ない（２０２４年の時点では複数の事業が立ち上げられているようである）。現状では養殖施設の設置の余地はそれなりにあり、日本の沿岸域はフィヨルドに比べて開けている地形のため、養殖施設由来の海域汚染もまだ深刻な課題にはなっていない。また日本の沿岸海域は比較的外洋に近く、適度な潮流もあるためか、現時点ではシーライスなどの有害寄生生物による被害も顕著にはなっていない。こうした背景を踏まえると、サケ科魚類の養殖は、現時点では宮城県のギンザケや宮崎県のサクラマス、その他、各地のニジマスなどに限られているが、将来的にはシロサケやベニザケなども海面養殖の対象になると期待されており、養殖業の多面展開の余地は充分にあるとみられる[2)]。しかし、その一方で日本では大規模な養殖、とくに近年注目されている閉鎖系陸上養殖については経験やノウハウが少ないことが大きな課題となっている。

このように、ノルウェーと日本のサケ科魚類の増養殖にはいくつかの点で違いがあり、それぞれの国にアドバンテージや課題がある。かいつまんでいうと、ノルウェーではフィヨルドの面積が充分あることから今後も海面養殖施設の拡充が可能と考えられるものの、海底汚染やシーライスの問題が大きい。またノルウェーでは養殖対象種がアトランティックサーモンとニジマスに限られており、稚魚の淡水飼育に一定の時間を要するといった技術面の課題もある。

いっぽう、日本では海面養殖が可能なサケ科魚類が在来種として複数種生息しており、それらのいくつかは比較的短期間のうちに海水への移行が可能であり、かつ日本では養殖技術に反映し得るサケ科魚類の生理学や生態学の研究知見が蓄積されている種も多い。その一方、それらを大規模に養殖するためのノウハウが充分に蓄積されていないといった経験の不足が課題となっている。

こうした互いの課題の克服や得意分野の技術交流のため、２０１７年から２０２４年にかけて、日本国内の大学、水産研究・教育機構増養殖研究所、ノルウェーのベルゲン大学、ユニ研究所が連携、さらには米国やカナダの研究者、大学生も交えて国際サマーコース（ExcelAqua）が実施されてきた。プロジェクトの主催国はノルウェーで、開催地はノルウェーのベルゲンと日本の各地（後述）で交互に行なわれてきた。

冒頭で触れたように、本プロジェクトのねらいは、日本とノルウェーが抱えるサケ科魚類の増養殖や保全に関する問題の解決のための情報交流と、こうした基礎的研究を担う将来の人材の育成である。この目的のもと、コースでは、①各国の研究者による最新の研究や課題に関する講義、②大学院・学部学生による基礎的研究手法習得のための実習、③サケ科魚類の養殖関連施設の見学といった３つのプログラムを実施してきた。以下、簡単に取り組み内容を紹介したい。

研究者による最新知見の情報交流

講義では、たとえばノルウェー側からは「Knowledge development for sustainable aquaculture」、「Norwegian aquaculture - past, present and future」、「Norwegian sustainable seafood production (an industry perspective)」、といったように、養殖業に直結した内容の講義が多いのに対して、日本側からは、「Digestion & appetite」、「Smolt migration」、「Growth」、「Immunocytochemistry and imaging」、「Osmo regulation」、のような基礎研究に関わるものが多かった。これは、参加者の人選によるところもあるが、端的に両国の研究の興味と課題を投影しているともいえる。すなわち、ノルウェーはアトランティックサーモンなどの養殖に直結する研究や技術開発に重きが置かれているのに対して、日本ではどちらかというと野生のサケ科魚類の生態や生理の研究に関心が持たれていることを示している。これを反映するかのように、ノルウェーはアトランティックサーモンの養殖稚魚を海面生け簀に出すまでの期間が長く、海面生け簀ではシーライスの影響が大きいといった課題がある。かたや、日本はノルウェーの問題解決に資するサケ科魚類の基礎的研究知見を保有する反面、大規模養殖のノウハウが少ないといった課題がある。そのため、講義を通して行なわれる両国間の情報交流は双方にメリットをもたらし、長期的には日本国内のサクラマスの保全や増殖にも新たな知見がもたらされることも期待できる場となっている。

大学院・学部学生による実験・実習

ベルゲン大学における実習では、アトランティックサーモンの採血や体組織のサンプリング、ホルモン測定、脳の組織学的観察といった実験手法の習得を目差した。また日本ににおける実習ではノルウェー、日本の学生が小グループとなって各研究者の所属大学・研究所に2週間ほど滞在し、同じくホルモン測定や脳下垂体の観察、遺伝子発現の解析といった実習に取り組んだ。こうした息の長い研究交流によって大西洋サケ、太平洋サケの研究手法や知見が双方にフィードバックされるとともに、両国から将来のサケ科魚類の増養殖研究や保全の担い手が誕生することが期待されている。

サケ科魚類の養殖場・関連施設の見学

また本プロジェクトではノルウェーと日本の養殖施設や水産市場などの見学を行ない、現在のサケ科魚類の養殖や漁業、環境保全の課題について意見交換することも目差した。ノルウェーでは、アトランティックサーモン、ニジマスの養殖・研究施設を複数見学した。前述したように、ノルウェーで大きな問題となっているのがシーライスであるが、効果的な防除法は確立されていない。現在、サケの体表に張り付いているシーライスを削ぎ取って捕食する小型魚類(ダンゴウオ科、ベラ科の仲間)による生物学的な除去法が検討されているとのことであった。こうした魚類によるシーライスの防除法は日本ではあまり研究されておらず、今後のさらなる情報交流も期待されている。

2 台湾との二国間研究・教育交流

日本よりも南方に位置する台湾ではサケ科魚類の漁業や養殖の規模は極めて小さいが、

ベルゲン大学における実習の様子。ノルウェー・日本・米国の大学院生・学部学生が合同で実習を行なうことにより、技術習得のほか、将来にわたる研究交流体制が築かれることを目標としている

研究者も交えて、ノルウェーと日本の大学院・学部学生が日夜議論を行なった。内容は実験手法や結果の考察にとどまらず、プライベートやオフの日の釣り、ハイキングの立案にまで多岐にわたった

フィヨルド内に設置されている海面養殖施設の様子

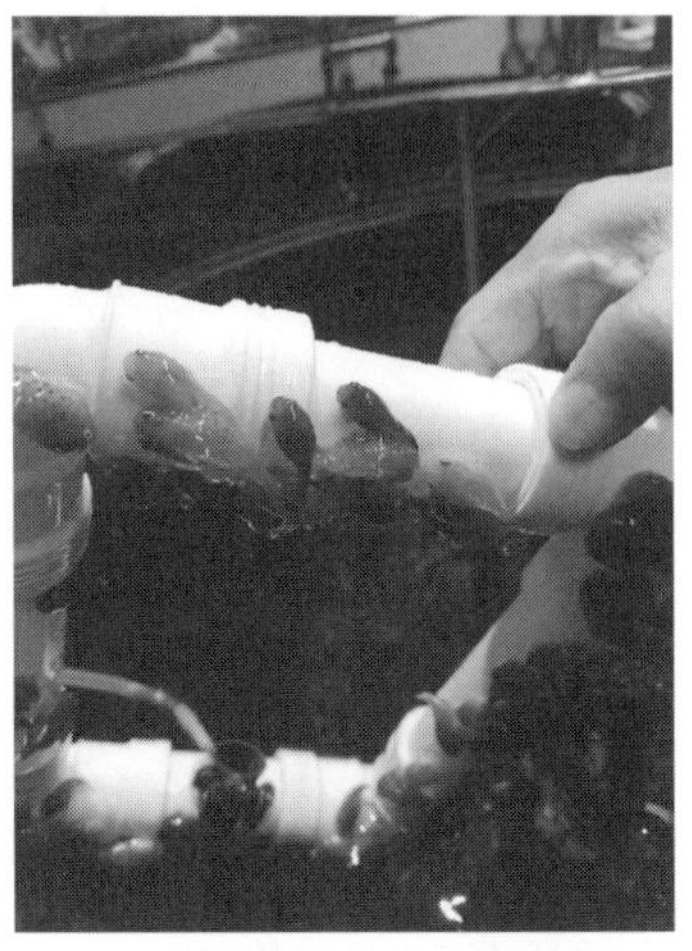

シーライスを捕食する小型魚類の一種（Lumpsucker）の飼育水槽の様子

岩手県大槌市の水産市場にて、沿岸定置網で漁獲されたサクラマスなどを見学。サケ科魚類の漁獲による漁業が現在の日本の主流であることを説明した

中央部の高地、標高2000m付近に位置する大甲渓周辺には我が国のサクラマスに近縁とされるサラマオマス（*O. masou formosanus*）が生息している。サラマオマスは1919年に大島正満博士らによって報告され[3)]、以来、見た目の美しさやその希少性から台湾の国魚として手厚い保全が行なわれている。

生息地に設置されている雪覇国家公園の職員は、サラマオマス保全のための高度な知識を有しており、天然魚から採卵・採精して育苗した稚魚の放流や、放流河川に設置されていた数機の砂防堰堤の撤去、流域への農薬などの化学物質の流入源となり得る農場の買収といった保全策が矢継ぎ早に実践され、野生サラマオマスの生息数は高い値で安定するようになっている。

しかし、その一方で台湾ではサケ科魚類に対する基礎生物学的な研究の取り組み（蓄積）が少ないため、野生のサラマオマスの繁殖生理や河川内での行動生態、競合する在来種との種間関係といった知見は我が国のサクラマス群よりも少ないのが現状である。また、台湾では基本的にサラマオマス以外のサケ科魚類が自然分布しておらず、市民にはこの魚がサケ科魚類であることも充分に理解されていない。著者も現地の人たちと話しをたが、サラマオマスがサクラマスの近縁種であることや、かつては川と海との間を行き来していた通し回遊魚の子孫であることを知っている人は少ないように感じた。

そこで著者らは、台湾の雪覇国家公園・海洋科技博物館と連携し、2018年以降、主に日本学術振興会からの助成を受けてサラマオマスに関する二国間研究・教育交流プロ

大甲渓にある、かつてあった砂防ダムが撤去された地点の様子。この範囲を超えてサラマオマスが河川内回遊を行なうことが明らかになってきた

ジェクトを実施している。プロジェクトの目的は、①大甲渓における野生サラマオマスの保全策向上のための基礎研究と②海洋科技博物館におけるサラマオマスの教育プログラムの共同開発、ならびにこれらの取り組みを通じた日台間の研究者・学生の研究・教育交流である。以下、概要を記す。

大甲渓におけるサラマオマスの基礎研究

サラマオマスの保全に資するため、成魚の河川内での回遊生態を電波発信機、ならびに電波受信機を搭載したドローンから追跡する技術等を開発している（チャプター17も参照）[4]。

また今後、海への通し回遊を行なわなくなっているとされるサラマオマスの海水適応能や銀化変態の発現の有無や、苦花（クーハ：*Onychostoma barbatulum*）などの在来種との関係性を生理・生態学的に解析する計画である。

海洋科技博物館との展示プログラム開発

また現在、海洋科技博物館と連携し、サラマオマスの教育プログラムの開発を行なっている。日本においてはサクラマス群を含む複数のサケ科魚類が自然分布しており、これらの回遊生態に関する展示プログラムや書籍が多く見られ、市民のサケ科魚類に対する理解も深い。こうした知見を基盤としつつ、台湾のサラマオマスが日本のサクラマス群の分布域の延長線上に位置している近縁な個体群であることを示すと同時に、サラマオマスを通じて日本と台湾の環境の連続性を伝えることを目差して、教材の作成などに共同で取り組んでいる。

引用文献

1 Norwegian Directorate of Fisheries. Nokkeltall for norsk havbruksnaering. Regrieved 13:12, 2018.
2 黒川忠英：国内におけるサーモン海面養殖について．SALMON 情報，11: 23-25. 2017.
3 Jordan D. S., and Oshima M.: Salmo formosanus, a new trout from the mountain streams of Formosa. Proceedings of the Academy of Natural Sciences of Philadelphia, 71(2): 122-124. 1919.
4 棟方有宗：サクラマス　その生涯と生活史戦略（17）．海洋と生物，247: 186-189, 2020.

第5章 サクラマスの立ち位置

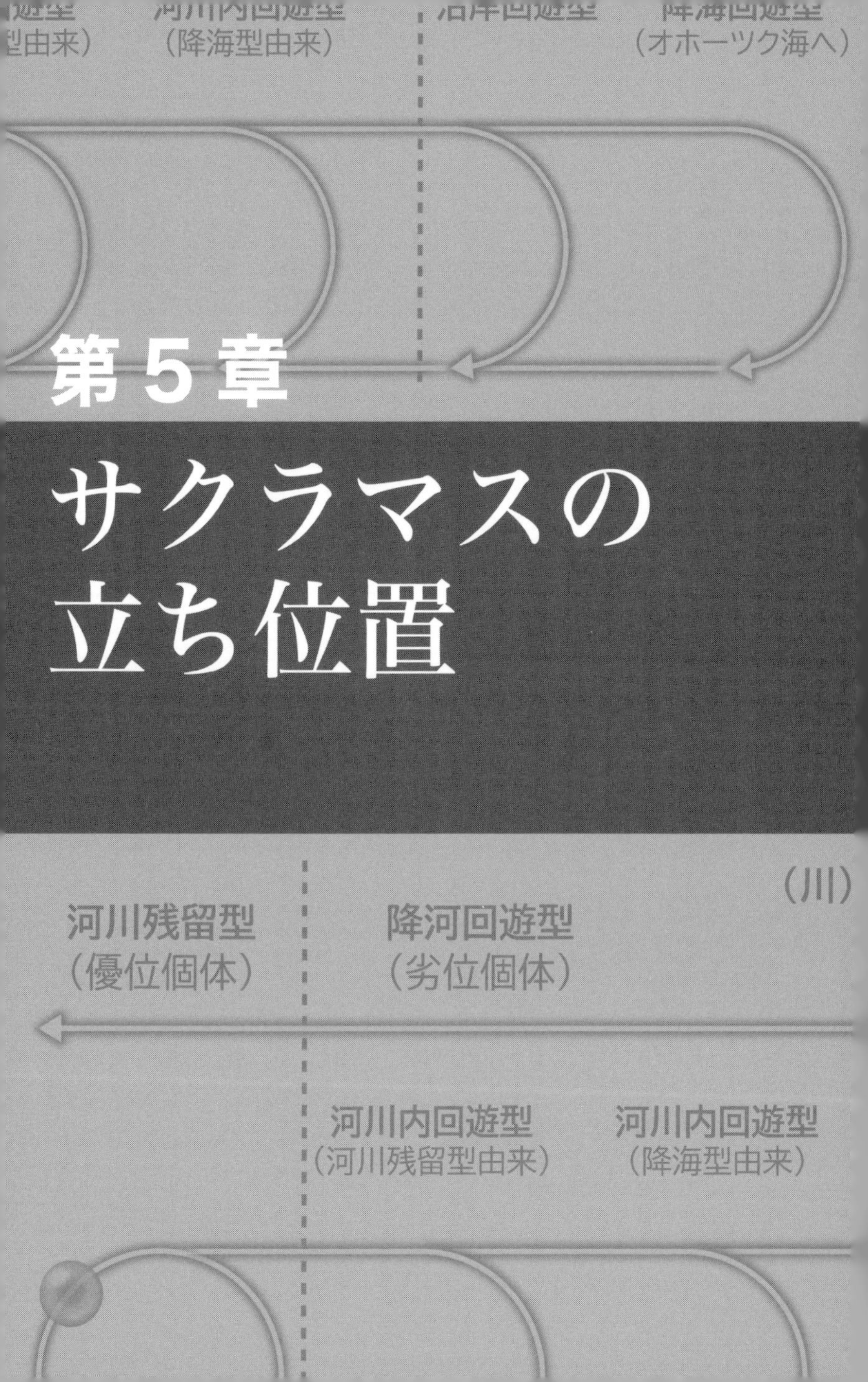

サクラマスの生活史戦略

Chapter 21 *The Masu Salmon: Their Life Strategies*

以上、本書ではサクラマスの一部が川から海への降河回遊を行なうようになった背景に焦点を当てつつ、彼らの生活史を見てきた。そこで、本書では最後にこれまでの記述を振り返り、彼らの生活史戦略を概観したい。

1　サクラマスの起源

サケ科魚類は、イトウ属、イワナ属、大西洋サケ属、太平洋サケ属の順に進化的に新しく、サクラマスが属する太平洋サケ属は大西洋サケ属の一部がベーリング海峡を通って太平洋に進入したことで誕生したとされる[1)]。

サクラマス群は、ビワマス（*O. masou* subsp.）、サツキマス（*O. masou ishikawae*）、サクラマス（*Oncorhynchus masou masou*）、およびサラマオマス（*O. masou formosanus*）の4タイプに大別される。分子生物学的研究や化石の出土状況、現生種の分布域から、まずビワマスが50万年ほど前に古瀬戸内湖付近で分化した後に現在の琵琶湖周辺に定着したと考えられる[1)]。著者は、そこを起点として今度は同心円方向にサツキマ

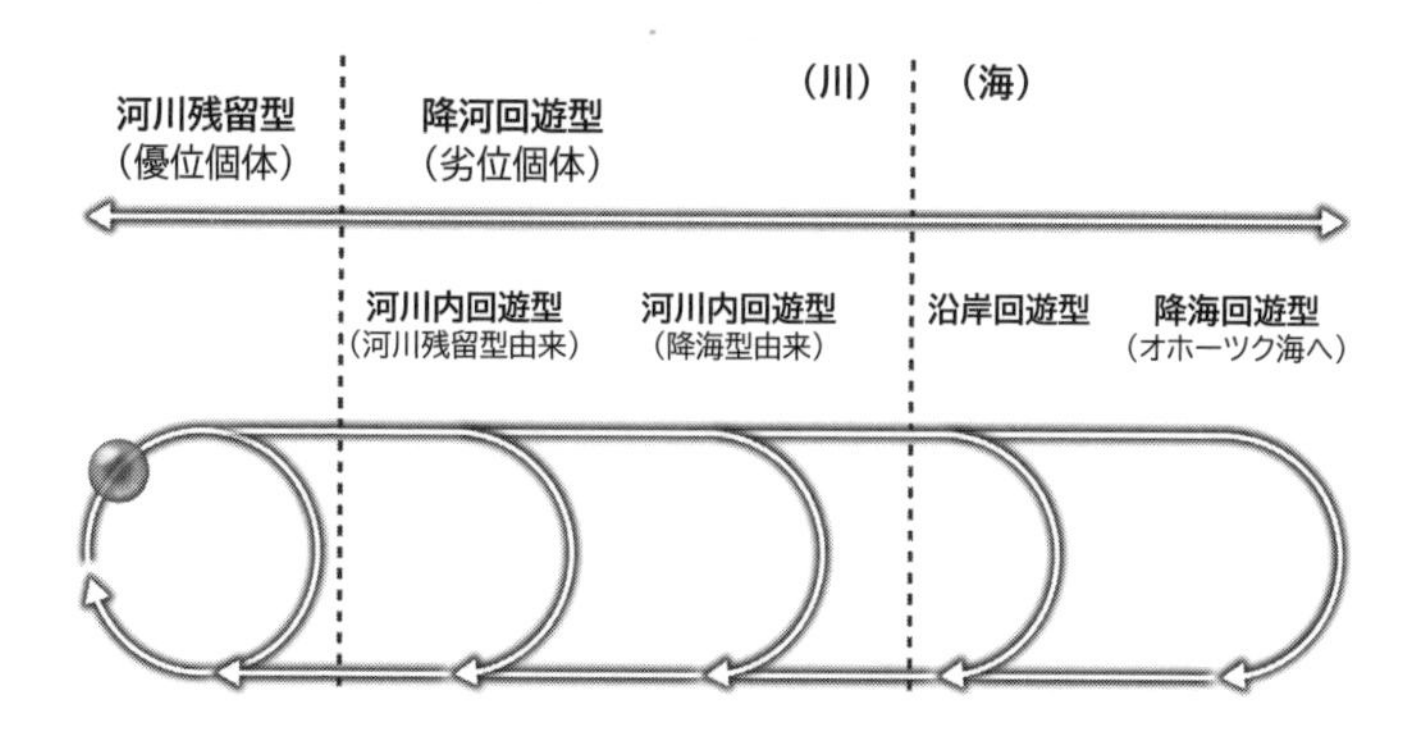

図1　サクラマスの河川残留型と降河回遊型
降海回遊は降河回遊の延長として行なわれる

ス、サクラマスの順番で分化が起こり、現在の輪状の分布域が形成された可能性を提唱したい[2]。ビワマス、サツキマスが持っていた体側の朱点は、サクラマス以降は現われなくなったことになる。同じ理由から、最も外縁にいる台湾のサラマオマスは、サクラマスの一部が寒冷期に台湾周辺にまで回遊した集団の一部（残存個体群）だと考えられる[1]。

2　孵化〜河川残留・降河回遊型の分化

春に産卵床から浮上したサクラマスの稚魚は、すぐに活発な摂餌行動を開始し、その後、成長の良否に応じて優位個体と劣位個体の二相に分かれる。優位個体の一部は早ければその年の秋に性成熟（早熟）を開始し、産卵後もそのまま川での生活を続ける河川残留型となる（図1）[1]。一方、何らかの理由で劣位となった稚魚の一部は最大で海にまで降りる一連の降河回遊型となる（なお、劣位個体の中でも極端に成長の悪い稚魚は降河回遊型となることなく未分化の状態でさらに川で1年を過ごす[3)]）。優位・劣位個体の割合は、河川の環境収容力と生息個体数、個体間作用等によって変わる。

3　銀化変態の目的

産卵床から浮上したサクラマスの稚魚の多くは、自己の摂餌と防衛の効率を最大化するため、エサが多く採れ、捕食者からは襲われにくい岩や倒木といった障害物の周囲に摂餌なわばりを構える。また稚魚はこの間、背景となる障害物（object）に溶け込むように全身が暗褐色で体側にパーマークや黒点をちりばめた、いわゆるパー様のカムフラージュ体色を呈する[1)]。

一方、優位個体との争いに敗れるといった理由で充分な成長が見込めなくなった劣位な稚魚は、新たな摂餌環境を求めて主に川の下流方向へと移動（逃避）する。その際、特定の障害物から離れた劣位な稚魚は、新たな背景となる水柱（water column）にあわせて体色を銀白色に変化させると考えられる[4)]（たとえばダム湖に降りる稚魚では、降海の如何によらず体色が銀白色となる）。つまり、一般に海洋生活の準備とされてきた銀化変態時の体色の銀白色化は、本来はなわばりを離れた劣位な稚魚がその後も本流域の淵などで生活するためのカムフラージュ体色である可能性が考えられる[4)]。なお、劣位の稚魚では社会的、あるいは摂餌量が減るなどの生理的なストレスによってコルチゾルや成長ホルモン、サイロキシンといったホルモンの分泌が促進され、体色の銀白色化に加えて鰓における海水型の塩類細胞の分化も誘起されることで海水適応能も備わる。

こうして劣位な稚魚の一部は新たな摂餌環境を探索するために降河回遊を行なうが、流域の摂餌環境、あるいは水温などの生息環境が不適当な場合にはさらに下流へと跳躍的に降河し、その延長として最大では海にまで降河する降海回遊型となることもある（図1）。つまり、サクラマス群では劣位になることがただちに降海回遊につながるわけではないといえる。なお、降海回遊型の出現割合には緯度（生産性）に応じたクラインが見られ、北へ行くほど多くの個体が降海するようになる。

このように、サクラマス群の降河回遊の目的は（必ず海に出ることではなく）、海に連なる流域の中で成長を成し遂げるための新たな摂餌環境を見いだすことなので、この条件を満たした劣位個体は降河回遊の途中でも適宜移動を止め、その場所で成長するとふたたび産卵場へと回帰する河川内回遊型（疑似銀化・戻りとも呼ばれる）や沿岸回遊型になると考えられる（このことも、銀化変態が必ずしも降海を目的として行なわれるわけではないことを示す）。

4　降河回遊の発現時期

多くのサクラマスは孵化から約1年半後の春に銀化変態を行なって降河回遊を発現するが[1,3)]、宮城県や宮崎県の一部の個体群や、ほとんどのサツキマスはそれよりも約半年早い生後1年後の秋に銀化変態と降河回遊を行なう[1)]。サクラマスのほうがサツキマスよりもあとから分化した新しいグループと仮定すると、もともとは秋に一度だけ降河回遊を行っていたサツキマスが新たな分布域において秋、または翌春のどちらかに降河回遊を行うように進化したのがサクラマスと考えられる。なお、一部のサクラマスは現在も秋と春のどちらかで降河回遊を行なう〝可塑性〟をもつ可能性があり、実際に宮城県の広瀬川や岩手の気仙川などでは過去数世代の間に秋に降河する〝秋スモルト〟へのシフトが起こった可能性がある。サクラマス群では現在も間断なく進化が続いていることがうかがえる。

上記したように、サクラマス群の降河回遊が社会的・生理的なストレスによって引き起こされると仮定すると、サツキマスが生息する西日本の太平洋・瀬戸内海沿岸河川では、サクラマスの生息河川よりもこうしたストレスの影響が大きいと推察される。基本的に西日本は川の生産性も高く、サツキマスの成長速度が早いが、そのぶん、競合する同種・異種の淡水魚類資源も多く、密度効果も高いといった社会的なストレスや、夏の高水温や秋の台風に起因する水温・水量の変化の生理的なストレスが彼らの秋の銀化変態や降河回遊を刺激する可能性が考えられる。またサツキマスが生息する河川の多くは、黒潮が接岸する高水温海域を河口とするため、水温が低くなる秋から冬の間に降河（降海）回遊を行なう個体群が淘汰によって主流になった（残存した）可能性も考えられる。その一方で、サクラマスが生息するようになった東北地方の川では相対的に淡水魚類の種数や個体数が少なく、社会的ストレスは少なくなったものの、春には雪代による水量・水温の変化といった生理的ストレスが加わることで、春に降河回遊を行なう個体群が主流になった可能性が考えられる。

また、サクラマス群では地域による成長速度（川の生産性）の差が、サツキマスとサクラマスの降河回遊の発現時期に影響しているとの推察も成り立つ。すなわち、サクラマス群は銀化変態を行なうために臨界値を超える体サイズ以上に成長することが必要であり[5]、生産性が高い西日本の川に分布するサツキマスはこの値に到達するのが早いため、生後1年後の秋の段階で銀化変態を行なうことができるというものである。これに対してサクラマスでは、総じて成長速度が遅いため、仮に諸々のストレスが加わったとしても秋の時点ではまだ生理的に銀化変態や降河回遊を発現することができない、ということになる。そのように捉えると近年、東北南部の一部の川でサクラマスが生後1年の秋に銀化変態と降河回遊を行なうのは、たとえば温暖化等の影響でその川がサツキマスの生息河川に匹敵する高い生産性となり、同時に降河回遊を誘起する高水温などのストレスが増えたためかもしれない。なお、こうした川の多くは宮城県や宮崎県といった、サツキマスの生息域に連なる地域にある。このことから、ここにいるサクラマスではこれまでにも不定期に春・秋降海が交替してきた可能性もある[1]。そして、サクラマス群をはじめとするサケ科魚類は今も環境の変化に合わせて進化をし続けているものと考えられる。

5　降河回遊行動の動機付け要因

このように、サクラマス群では川の中での個体間作用や、成長面において劣位になるといったストレスの影響を受け、逃避行動（ネガティブな応答）として降河回遊が行なわれるようになったと考えられる。しかし、次に述べるいくつかの理由から、サクラマス群はひとたび降河回遊を行なうことになると、今度は他の個体に先駆けて（より積極的に）降河回遊を発現する方向へと舵を切っている可能性が高いものと考えられる。

その理由の1つが、ほとんどの劣位の個体が降河回遊を行なう際に銀化変態（銀白色化や海水適応能の獲得）を行ない、あらかじめ海にまで降りることができるように準備（スタンバイ）していることが挙げられる。つまり、発端は逃避だったとしても、劣位の個体は降河回遊の前、あるいは途中で降河回遊に必要な準備を行ない、河川残留に代わる代替戦略としてこの行動を積極的に用いている可能性が考えられる。

また前述したように、劣位な個体が銀化変態を発現するためには臨界体サイズを超える必要があることも、この仮説を支持する[5)]。つまり、基本的にはネガティブな応答として行なわれるはずの降河回遊であっても、それらの稚魚のなかではより早く成長した稚魚ほど先に銀化変態と降河回遊行動を開始することができるという、体サイズ依存的な競争原理が働いていていることを意味する。一見すると、これはパラドックスのように見えるが、仮にある稚魚が優位個体になれない場合、小さな河川残留型となってその場での生活に甘んじるよりも、ある時点からはむしろ他の個体に先んじて降河回遊を行なう方向に戦略を切り替えることで、なるべく産卵水域に近いエリアに新たななわばり（新天地）を築く機会が増えるものと考えられる。これらのことからも、サクラマス群では降河回遊の動機付けの〝負〟から〝正〟への転換が起こっていると考えられ、それが以降に誕生した太平洋サケ属の回遊進化（回遊規模拡大）の礎になった可能性も考えられる。

6　降河回遊行動の生理的調節機構

サクラマス群が銀化変態を行なう際の体色の銀白色化や体型のスリム化は、コルチゾル、成長ホルモン、甲状腺ホルモンといった、本来（進化的には）は銀化変態には関わっていなかったホルモン群によって調節されるようになっているが、それは、どのような背景によるだろうか。

おそらく、劣位の個体はなわばり争いに敗れるといった社会的なストレスを受けることによって、ひろく脊椎動物のストレスホルモンとして知られるコルチゾルの血中量が増加するようになったと推察される。また摂餌量が減少することによる飢餓状態を克服するため、食欲や摂餌行動、摂餌の大胆さなどを刺激することで知られる成長ホルモンの分泌量が増加するようになったと考えられる。また、これらに加え、ストレスや飢餓状態でアンバランスとなった稚魚の身体の安定性を維持するため、体内の恒常性を司るホルモンである甲状腺ホルモンの血中量も増加するようになったと考えられる。こうして、本来は劣位個体の体内環境のバランスを保つために分泌されていたいくつかのホルモンが後に機能的変化を起こし、新たな生息環境に適応するための銀化変態や降河回遊の調節機構を担うようになったものと考えられる。つまり、サクラマス群で起こった諸々の回遊の進化はある意味ではホルモンの機能的進化によって支えられてきたともとれる。

7 河川残留の生理的調節機構

上記した劣位の降河回遊型に対して、川の中で優位に立つことができた稚魚は、河川残留型となる。前述したように、川にもよるが、河川残留型には雄が多く、これらの多くは川で性成熟(早熟)する。生後1年目の秋に性成熟期をむかえた早熟雄を実験的に去勢(生殖腺を手術によって取り除く)すると、翌春に銀化変態を起こす。また、劣位となって銀化変態を行なった降河回遊型の稚魚に性ホルモンの一種であるテストステロン(T)を投与すると、河川残留型のように銀化変態や降河回遊行動の発現が抑制される。これらのことから、サクラマス群の河川残留(行動)は、性ホルモンなどの性成熟関連因子によって調節されていることがうかがえる。また、この視点に立てば、対する銀化変態や降河回遊行動は性成熟の欠如という、一種の生理的な空白状態によって引き起こされる現象ともいえる。つまり、性成熟は河川残留でいくか、あるいは降河回遊を選択するかといった生活史戦略の根幹的なスイッチのON/OFFを切り替える役割を果たしていると思われる。(なお、多くの釣り人がご存じのように、サクラマス群の河川残留型の中には生後1年後の秋には産卵を行なわない（早熟しない）雌雄もいる。このことから、河川残留現象には性ホルモン以外の生理的因子（成長速度や代謝等、性成熟の見込みを示す生理的要因）も関与していると見られる。これに関しては、脳内で性ホルモンの合成を司る上位のホルモン（生殖腺刺激ホルモン放出ホルモン：GnRH などが関与することが示されている）。

一方、サクラマス群では河川残留のＯＮ／ＯＦＦだけでなく、秋に上流域で行なわれる雌雄の産卵行動もまた、Ｔなどの性ホルモンによって調節（誘起）されることがわかっている。このことから河川残留は、大局的には産卵行動の一部分、あるいは一連の産卵行動の前段階の行動として機能していることがうかがわれる。つまり、サクラマス群では生活史のかなり初期の段階から、川で産卵を行なうかどうかをめぐって生活史戦略が組み立てられていることになる。

一方、劣位の稚魚が銀化魚となり、川から海（オホーツク海）の間のいずれかの水域まで降河回遊（河川内回遊・沿岸回遊・降海回遊）を行なった後、産卵水域に向けて行なわれる遡上行動もまた、Ｔなどの性ホルモンによって発現が促進されるようになっている。以上の一連の現象(徹頭徹尾、性ホルモンが生活史戦略に関与していること)を踏まえると、サクラマス群では性ホルモンが稚魚期の早い段階で増えた（スイッチＯＮとなった）優位個体はそのまま川に残留して産卵し、性ホルモンが低い(スイッチＯＦＦとなった）劣位の個体は一度、降海回遊を行ない、その後性ホルモンが増加（スイッチＯＮ）すると産卵場へと遡上し、最後に産卵するようになっていると理解できる。このことからも性ホルモンは、サクラマスを産卵期までに確実に上流の産卵水域にいさせるための安全装置の役割を果たしていることになる。

8 太平洋サケ属の降河回遊

すでに何度かふれたように、サクラマス群は太平洋サケ属の中では進化的にスチールヘッドトラウト（ニジマス）（*O. mykiss*）に次いで古い種であることから、以降に誕生した太平洋サケ属の原型になったグループとも考えられる[1)]。そのようにとらえると、サクラマス以降に分化したシロサケ（*O. keta*）やカラフトマス（*O. gorbuscha*）などではサクラマスに比べて降海する稚魚の割合が増え、降河回遊の発現時期は早くなり、海での回遊の距離や範囲が拡大される方向へと進化が進んだと見なせる[1)]。では、サクラマスはこの過程に何らかの影響を及ぼしたのだろうか。

シロサケやカラフトマスでこうした回遊拡大路線への進化が起こったのは、主には彼らの生息域がそれまでのサクラマスよりも北方の水域に築かれていったことによると思われる。たとえば、両種で降海回遊を行なう稚魚の割合が増えたのは、高緯度地域ほど川の生産性が低くなる反面、海域の生産性は高くなり、降海の適応度が河川残留や河川内回遊を上回るようになったためではないかと考えられる。そのため、両種では現状、すべての稚魚が海に降りるようになっているものと考えられる。

一方、これらの種で降河回遊の発現時期が孵化後数ヵ月以内と早くなった背景についてはいくつか考えられるが、たとえば新たな生息域となった北方の川は総じて生産性が低いために競合する在来種も少なく、産卵期の川の水温も低いため、それまでのように上流域まで行かなくとも中～下流域で充分に産卵が行なえるようになったことが大きかったと考えられる。また、もう1つは、上述したように新たな生息河川では生産性が低くエサが少ないなど、総じて川の環境条件が厳しいため、シロサケやカラフトマスではサクラマスで進化したと思われる、積極的に降海回遊を発現する生活史戦略をさらに強化し、生理的にはより小さな体サイズでも銀化変態が行なえる方向に進化したためではないかと考えられる。こうした要因で、両種は孵化から数ヵ月後にはわずかな移動時間と距離で川から海へと降りるようにと進化していったものと思われる。また、こうして降河回遊の発現時期がサクラマス群とくらべると半年～1年以上も早くなったことで、相対的に海での索餌回遊に費やす時間は長くなり、そのぶんだけ回遊距離や回遊範囲が広がり、資源や生息域の拡大にも寄与したと考えられる。

こうして見ると、シロサケやカラフトマスは海の高い生産性を味方につけて降海回遊の規模を拡大してきており、あたかもそれは、太平洋における彼らの繁栄を象徴しているかのように見える[1)]。しかし、そうした性質の多くはじつはサケ科魚類の祖先種から連綿と育まれてきたわけではなく、とくに太平洋サケ属のサクラマス群以降に新たな生活史戦略として定着した可能性があることを、本書では概観してきた。

ある頃を境に、サクラマス群ではそれまでは劣位な稚魚の逃避行動であった降河回遊行動が、より戦略的な新たな行動として位置づけられるようになり、それまでは移動したとしても川の中で暮らし続けるための体色だった銀白色化に、サツキマス以降は鰓の海水適応能の発達が合わさった。これを受けて、以降のサクラマス群では海での適応度もより向上させることができるようになったと考えられる。またサツキマスからサクラマスの進化の段階では比較的フレキシブルだった銀化変態期の可塑性が、その後誕生したシロサケにおける、孵化後数ヵ月後という早期の銀化変態を可能にした可能性も考えらえる。その一方で、積極的に降河回遊行を行なうようになったシロサケでは、今も当時のなごりとして、サクラマスと同じように水温変動などの環境ストレス（ネガティブファクターが）が降海行動のトリガーとして引き続き用いられている可能性もある。

こうしてサクラマスの視点を通して見ることで、サケ科魚類の来し方行く末を議論することは大変に楽しい。今後もさらにこうした議論が進むことが大いに期待される。ただ、本書ではここで一度、筆を置くことにする。

引用文献

1 棟方有宗：サクラマス　その生涯と生活史戦略（1）．海洋と生物，231: 376-379, 2017.

2 棟方有宗：サクラマス　その生涯と生活史戦略（15）．海洋と生物，245: 550-553, 2019.

3 木曽克裕：二つの顔を持つ魚サクラマス．成山堂書店，東京，2014, 186 pp.
4 棟方有宗：サクラマスその生涯と生活史戦略（4）．海洋と生物，233: 617-620, 2017.
5 Kuwada T., Tokuhara T., Shimizu M., Yoshizaki G.:Body size is the primary regulator affecting commencement of smolting in amago salmon Oncorhynchus masou ishikawae. Fish. Sci., 82: 59-71, 2016.

あとがき

間もなく脱稿というタイミングで、つり人社から本のカバーの原案が送られてきた。本書で紹介した断片的な情報ではまだまだ、「サクラマスはなぜヤマメとサクラマスになったか」については語りきれてはいないが、以前に比べれば少しずつ知見が増え、理解が進んだと思っているし、研究の方向性は極端には外れてはいないだろうと思っている。

なぜ今、私がサクラマスのこれまでの研究の内容を、（研究としては）断片的な状態で披露するのか、と問われれば、それは、今から我々（サクラマスに関心を持つ釣り人や研究者などの関係者）が少しでも多くの知見を共有し、立場を超えてサクラマスを支える活動が展開できれば、日本の川は必ず回復に向かうと、強く信じるからである。本書で示したように、たとえばサクラマスの保全に取り組むにあたっては少しでも多く彼らの生態を理解し、それにふさわしい河川整備や、彼らの性質に即した増殖活動を行なうことが有効な手立てとなりうる。また、これからは従来のプレイヤーに加えて市民、特に次の担い手である子供たちが取り組みに参加してくれることも望まれる。そのためにも、今は多くの方にサクラマスの素晴らしさにふれてもらうことが重要だと思っている。

一方、本書ではもう1つのテーマとして、学問としてもさらに深く、サクラマスに切り込んでいくことも試みた。おそらくサクラマス群ではビワマスが太古に一度、琵琶湖に隔離され、そこからサツキマス、サクラマスの順に再び降海の性質を拡大したことが、後に誕生した太平洋サケの進化の原型になった、と表現するのはやや大げさだとしても、サクラマス群がたどった進化の過程は太平洋サケの進化の謎を解くうえでもヒントになると考えている。

一連の研究の中でも、個人的に印象深いのが、広瀬川で出会った秋スモルトたちである。この魚はサクラマスの進化の謎を紐解くための〝鍵〟であり、サクラマスの行く末を照らす希望のヒカリでもあると思っている。同じサクラマスから秋と春の2回、銀化魚が出現する事実を多くの方と共有したいと思い、この現象を「Twin peaks」と名付けたが、「古い、わからない」と一蹴されてしまった。ならば、「Twice」はどうかと切り返したが、それももう古いらしい。私自身も、さらに研鑽を積まなくてはならない。最後に、これまでの研究を支え続けてくれたU氏のサポートに敬意を表し、深く、心よりお礼申し上げます。

初出：『海洋と生物』（生物研究社）連載「サクラマス　その生涯と生活史戦略 1～21」（2017～2020）。
コラムは書き下ろし。

著者プロフィール
棟方 有宗（むなかた・ありむね）

東京都出身、宮城県仙台市在住。

2000年、東京大学大学院農学生命科学研究科水圏生物科学専攻博士課程修了。日本学術振興会特別研究員、宮城教育大学理科教育講座講師を経て同教授。また2007年よりオレゴン州立大（Department of Fisheries and Wildlife）courtesy faculty。

専門は、魚類行動生理学、生態学、環境教育学で、国内ではサクラマス、シロサケ、アユ、ウナギ、メダカ、タナゴの研究や保全に、またアメリカやノルウェーではスチールヘッドトラウトやアトランティックサーモンの研究に取り組む。

小学生の頃から川魚の釣りにはまり、現在はルアー、エサ、フライでヤマメやイワナなどのサケ科魚類をねらっている。

現在、『鱒の森』などに執筆しており、主な著書に『魚類の行動研究と水産資源管理』（共編著 2013. 恒星社厚生閣）、『求愛・性行動と脳の性分化（ホルモンから見た生命現象と進化シリーズ）』（共編著　2016. 裳華房）、『日本の野生メダカを守る - 正しく知って正しく守る -』（共編著　2020. 生物研究社）、『サクラマス・ヤマメ 生態と釣り　鱒釣りと種の起源を探る特別講座』（2024. つり人社）などがある。

桜鱒（さくらます）はなぜ「ヤマメとサクラマス」になったのか
釣り人（つりびと）が知りたい謎（なぞ）を解（と）き明（あ）かす

2025年3月10日発行

著　者　棟方有宗
発行者　山根和明
発行所　株式会社つり人社

〒101-8408　東京都千代田区神田神保町1-30-13
TEL 03-3294-0781（営業部）
TEL 03-3294-0766（編集部）
印刷・製本　シナノ書籍印刷株式会社

乱丁、落丁などありましたらお取り替えいたします。

ISBN978-4-86447-748-2 C2075
つり人社ホームページ　https://tsuribito.co.jp/
つり人オンライン https://web.tsuribito.co.jp/
Japan Anglers Store　https://japananglersstore.com/
つり人チャンネル（You Tube）　https://www.youtube.com/channel/UCOsyeHNb_Y2VOHqEiV-6dGQ